AF284160

Mathe für Helden

für Klaus †

Christian Eckhard

Mathe für Helden

Abenteuerliche Mathematik

*Bibliografische Information der Deutschen Nationalbibliothek:
Die Deutsche Nationalbibliothek verzeichnet diese Publikation in
der Deutschen Nationalbibliografie; detaillierte bibliografische
Daten sind im Internet über http://dnb.dnb.de abrufbar.*

Lektorat: Susanne Czuchaja, Hans-Jürgen Straßburg (Geschichten)
           Dr. Klaus Carstensen (Aufgaben)

Herstellung und Verlag: BoD – Books on Demand, Norderstedt

ISBN 978-3-7519-5924-7

Inhalt

Die Geschichten und Personen in diesem Buch sind frei erfunden. Eventuelle Übereinstimmungen mit realen Personen oder Begebenheiten wären rein zufällig. Ausnahme: Die Geschichte „Das Geheimnis der N-Strahlen" hat einen historischen Hintergrund, siehe die dortigen Anmerkungen.

Lieber Kollege, liebe Kollegin; liebe Leserin, lieber Leser!

„Mathe für Helden". Nachdem Sie die Geschichten gelesen haben, werden Sie feststellen, dass die Geschlechter in ihnen ziemlich ausgewogen vertreten sind. Dass es nicht „Mathe für Heldinnen und Helden" heißt, liegt eigentlich nur am begrenzten Platz auf dem Umschlag. Während meiner Dienstzeit als Gymnasiallehrer für Mathematik und Physik sind mir auch im Unterricht sowohl Heldinnen als auch Helden begegnet.

Die Geschichten sind im Verlaufe etlicher Jahre meiner Phantasie entsprungen. Um den Unterrichtsausfall zu minimieren, wurde an der Schule ein Aufgabenpool für Vertretungsstunden vorgehalten, in den jede Lehrkraft für den Fall ihres Fehlens vorbereitete Aufgaben einzustellen hatte, die von den Klassen dann bearbeitet werden konnten. Die meisten meiner Geschichten wurden für diesen Zweck verwendet, insbesondere wenn ich auf Fortbildung war. Diese Situation brachte es mit sich, dass keine Möglichkeit bestand, die Lehrkraft um Rat zu fragen. Dafür waren aber alle anderen Hilfsmittel, vom Gruppengespräch über Computer-Algebra-Systeme bis zur Internetrecherche, erlaubt und ausdrücklich erwünscht.

Mir ist klar, dass bei der Dichte der heutigen Fachanforderungen, bei denen man vor allem „Operatoren" abzudecken hat, für so etwas kaum noch Zeit bleibt, und auch, dass einige der Aufgaben auf dem Niveau der heutigen Schulmathematik womöglich gar nicht mehr lösbar sind – zumal nach einem Kurzschuljahr. Vielleicht lassen Sie einige Teilaufgaben weg, vielleicht finden Sie andere Unterrichtsformen (z.B. Mathe-Zirkel), in denen sie sich nutzen lassen. Vielleicht beschäftigen Sie sich zweckfrei aus rein privatem Interesse mit dieser Sammlung.

Schlimmstenfalls genießen Sie einfach die Geschichten. Sie lassen sich weitgehend auch ohne mathematisches Verständnis lesen. Aber das war eigentlich nicht ihr Sinn.

Es grüßt Sie über den Abgrund der Zeit hinweg:

OStR i.R. Dr. Christian Eckhard

7

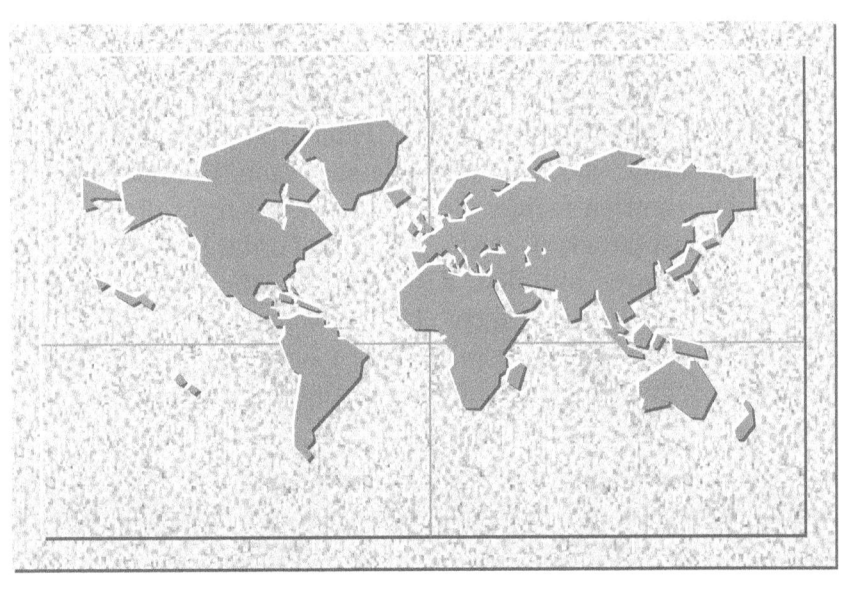

Der Schatten der Pyramide

Prolog

Der Sturm hatte sich durch die herannahende Wolkenfront angekündigt, aber der Schiffshauptmann war überzeugt gewesen, die Küste noch rechtzeitig zu erreichen. Jetzt war das Unwetter über ihnen. Viel zu spät war das Kommando gekommen, das Segel zu bergen; es war unmöglich bei dem Orkan. Bei dem Versuch waren zwei Seeleute über Bord gegangen, und der Schiffer hatte als letzte Chance die Taue gekappt und das Segel geopfert. Wenn sie den Sturm überstanden, würden sie manövrierunfähig sein, und sie konnten bestenfalls hoffen, irgendwo an die Küste getrieben zu werden. Wenn! Das Boot tanzte hilflos auf den Wellen; Wikilikos hatte sich im Bauch des Schiffes einen Halt zwischen den Fässern, Ballen und Tonkrügen gesucht und umklammerte verzweifelt die Amphore.

Der Fluch wird wahr, dachte er. Der Meister hatte jedem seiner Schüler den Zorn der Götter verheißen, der irgendetwas von der geheimen Lehre an die Öffentlichkeit tragen würde. Er selbst hatte nie etwas schriftlich fixiert in der Befürchtung, jemand könne seine Aufzeichnungen entwenden. Aber er, Wikilikos, Akusmatiker, also Schüler zweiter Klasse, der dem Vortrag des Meisters nur hinter einem Vorhang lauschen durfte, hatte heimlich Notizen gemacht. Über die Rolle der Zahl in der Natur ebenso wie über das Schicksal von Heiligtümern. Spätestens nach der Entdeckung, dass die anerkannte Lehre einen erschütternden Fehler aufwies, der das Weltbild seiner Zeit gefährdete, fühlte er sich verpflichtet, diese Ungeheuerlichkeit publik zu machen. So hatte er die Pergamente mit seinen Mitschriften in dieser unverdächtigen Amphore verborgen, die ebenso gut Wein enthalten konnte, hatte sie mit Harz versiegelt und war damit auf der Flucht bis hier gekommen. Auf dieses Boot. In diesen Sturm.

9

Was wäre wichtiger? Die Pergamente oder sein Leben? Was wäre der größere Verlust? Er hätte es nicht zu sagen vermocht.

Das Boot neigte sich unter einem überschlagenden Brecher so weit, dass der Boden sich nahezu senkrecht aufbäumte. Durch das Tosen des Sturms hindurch vermeinte er an Deck Schreie zu vernehmen. Die Ladung riss sich los und polterte durch den Raum. Dann brach der Mastbaum, bohrte sich unter ohrenbetäubendem Krachen quer durch den Bootsrumpf, Wasser schoss herein. Ich werde beides verlieren, erkannte Wikilikos, dann schlug das Wasser über ihm zusammen und riss ihn mit allem anderen in die Tiefe.

Kapitel 1

Wassili Alexandrowitsch Landow löschte routinemäßig, einer angeborenen Paranoia nachgebend, das Licht, ehe er ans Fenster des Hotelzimmers trat. Mit einem Finger schob er den Vorhang ein paar Millimeter beiseite und spähte auf die Straße. Der Wagen auf der anderen Straßenseite stand noch immer da. Das musste natürlich nichts bedeuten, trug aber nicht zu seiner Beruhigung bei. Er zuckte kurz zusammen, als es an der Tür klopfte, aber es war das vereinbarte Klopfzeichen. Mit raschen Schritten durchquerte er das dunkle Zimmer und öffnete einen Spalt. Das Licht im Korridor ließ ihn blinzeln. „Sally?"

„Wer sonst?" Ihre fülligen, tizianroten Haare, von hinten beleuchtet, umgaben den Kopf mit einer goldenen Aureole.

„Kommen Sie rein. Haben Sie's?"

„Vielleicht. Der Händler ist ein Schlitzohr. Aber er hat mir versichert, dass es aus dem geborgenen Schiffswrack stammt, ohne dass ich habe durchblicken lassen, dass ich genau danach suche. Können wir Licht machen? Ich möchte es Ihnen zeigen."

„Ungern. Kommen Sie ins Badezimmer, da sieht man das Licht nicht." Er fasste sie am Arm und schob sie um die Ecke, schloss die Tür, dann knipste er die Lampe an.

Er traute auch Sally Hamilton nicht über den Weg, aber er war auf sie angewiesen, weil ihr das Fragment gehörte, das sie beide überhaupt erst auf die Spur gebracht hatte. Sie wusste das und warf ihm einen missbilligenden Blick zu. „Wenn ich den Charakter hätte, den Sie mir unterstellen, wäre ich jetzt mit den Unterlagen auf und davon. Hier!" Sie stellte ihre Handtasche auf dem Waschtisch ab und zog einen braunen Umschlag daraus hervor. „Und vorsichtig! Wenn es echt ist, ist es zweieinhalb tausend Jahre alt."

Während Wassili dem Umschlag behutsam eine Mappe entnahm und diese aufschlug, studierte sie im Spiegel sein kantiges Gesicht mit dem Dreitagebart. Auf den ersten Blick nicht unsympathisch. Aber sie wusste inzwischen, dass er ein verbissener Jäger war, der für einen Fund wie diesen seine Großmutter verkauft hätte. „Das passt nicht zu dem Fragment, das wir haben!", stellte er fest, und es klang fast vorwurfsvoll.

„Stellen Sie sich vor, das ist mir auch aufgefallen. Halten Sie's trotzdem mal daneben."

Der Mann schob sich durch die Tür ins immer noch dunkle Zimmer, sie hörte ihn einige Augenblicke darin rumoren, dann war er wieder da, eine zweite Mappe in der Hand, die er nun, mangels eines besseren Platzes, auf dem Toilettendeckel ablegte. Sie verglichen die beiden Pergamentstücke. Das eine wies oben, das andere unten eine Risskante auf, aber die Kanten ergänzten sich nicht. „Die Schrift sieht gleich aus, das Material auch."

„Es gibt nicht viele Fundstücke aus dieser Epoche", warf Sally ein.

11

„Wir wissen nicht einmal, ob beide aus der gleichen Epoche stammen. Wir haben nur die Radiokarbondatierung an Ihrem Fragment."

„Das hiesige Museum unterhält natürlich ein Radioisotopenlabor", überlegte die Rothaarige, „aber wenn wir dorthin gehen, können wir's auch gleich auf Twitter veröffentlichen." Sie grinste unglücklich.

„Warum muss dieses Ding aber auch aus einem Puzzle bestehen!", ärgerte sich der Russe.

„Man kennt das doch. Bei der Bergung des Schiffswracks war es vermutlich sogar noch komplett. Aber diese Ganoven zerstören es mit Absicht, damit sie mehrere Teile verkaufen und so einen höheren Gewinn erzielen können."

„Dann gibt es also, die Echtheit vorausgesetzt, mindestens drei Teile. Unsere beiden und eines, das noch dazwischen passt."

„Der Korrektheit halber: meine beiden. Ich habe beide bezahlt. Für das zweite doppelt soviel wie für das erste. Für das dritte wird dieser Halunke einen Phantasiepreis verlangen."

„Ja, ja, ist ja gut."

„Vielleicht brauchen wir das dritte aber gar nicht", überlegte Sally. „Es könnte eine andere Möglichkeit geben. Mir ist aufgefallen..."

„Was?"

Anstelle einer Antwort schloss sie beide Mappen, wendete sie und schlug sie wieder auf, sodass die Rückseiten der Pergamente sichtbar wurden. „Da sind Notizen auf der Rückseite. Eine Art Berechnung. Wir müssten sehen, ob diese logisch aneinander passen."

Wassili studierte die Zeichen. „Das ist zwar griechisch, aber ich erkenne keinen Sinn."

12

„Wie Sie vielleicht wissen, stellten die Griechen die Zahlen als Buchstaben dar. Alpha ist eins, Beta ist zwei und so weiter. Wenn ich es richtig verstehe, ist dies eine Gleichung, und zwar

$$x^5 - 3x^4 - 5x^3 + 15x^2 + 6x - 18 = 0.$$

Was folgt, ist die Berechnung der Lösungen. Davon fehlen weite Teile, die demnach auf dem mittleren Stück stehen müssten. Wir haben nur den dritten Teil, den mit dem Ergebnis. Wenn das Ergebnis zu der Gleichung passt, dann gehören diese Pergamente zusammen."

„Und? Passt es?" Landow beugte sich interessiert über die Aufzeichnungen.

„Das ist nicht so einfach. Ich bin mit dieser Schreibweise auch nicht so vertraut. Eine Lösung scheint gleich drei zu sein. Die anderen ... ich weiß nicht, wie man damals Wurzeln geschrieben hat."

„Hat man damals überhaupt schon Wurzeln geschrieben?"

„Immerhin hat Pythagoras entdeckt, dass die Wurzel aus zwei irrational ist. Das war seinerzeit eine Ungeheuerlichkeit, denn seine Lehre war, alles sei Zahl, also ganze Zahl oder das Verhältnis ganzer Zahlen. Die Entdeckung der Irrationalität wollte er um jeden Preis geheim halten. Man sagt, er habe sogar jeden Schüler mit einem Fluch bedroht, der diese Erkenntnis ausplaudern würde."

„Fluch oder nicht, wir müssten also die übrigen Lösungen der Gleichung berechnen und sehen, ob wir sie in diesen Symbolen wiedererkennen."

„So ist es", bestätigte Sally. „Und da wir eine der Lösungen kennen, sollten die restlichen nicht mehr so schwierig sein."

13

Kapitel 2

„Wollen wir den Rest der Nacht auf dem Klo verbringen?", erkundigte sich Sally Hamilton. „Wir wissen jetzt, dass die Fragmente zusammengehören, und eigentlich interessiert uns die Vorderseite."

„Was Sie nicht sagen." Landow ging ins Zimmer und lugte durch das Fenster. „Der Wagen steht noch immer da."

„Was für ein Wagen?"

„Es scheint sich noch jemand für das Geheimnis zu interessieren. Sind Sie verfolgt worden, als Sie bei diesem Händler waren?"

„Verfolgt? Ja, ich denke schon."

„Was?" Landows Stimme ließ Spuren von Panik erkennen.

„Ganz ruhig, Partner. Jacques Renard, ein Franzose. Ich hatte früher mal mit ihm zu tun. Vermutlich hat er gedacht, unter dem Burnus sei er nicht zu erkennen. Er sprach den Händler an, kaum dass ich gegangen war. Ich wette, er wartet darauf, dass wir auch noch das dritte Fragment in die Hände bekommen, dann kann er uns alles auf einmal abjagen. Und den Gefallen werden wir ihm nicht tun. Wir müssen nur schnell genug sein, ehe er Verdacht schöpft, dass sein Plan nicht aufgeht."

„Also?"

„Also machen Sie getrost Licht, er weiß ohnehin, dass ich hier bin."

Wassili Alexandrowitsch seufzte. „Ihr Wort in Gottes Ohr."

„Welcher Gott ist für diese Epoche zuständig?"

„Das, was wir suchen, betrifft den Gott der Israeliten, dachte ich."

„Wie wahr. Der Efod, Luther übersetzt ihn als den Leibrock, wird erstmals im Buch Exodus erwähnt. Dann tritt er in den Büchern des Alten Testaments immer wieder auf, zuletzt bei Esra und

14

Nehemia – was übrigens genau mit der Lebensepoche des Pythagoras zusammenfällt. Danach scheint der Efod verloren gegangen zu sein. Es erscheint also durchaus plausibel, dass ein Mystiker wie Pythagoras oder einer seiner Schüler sich mit dem Schicksal dieses Priestergewandes befasst hat."

„Diese Israeliten haben auf ihre Heiligtümer jedenfalls nicht sonderlich gut aufgepasst, scheint mir", grinste Landow. „Der Efod ist ihnen verloren gegangen, die Bundeslade ist ihnen verloren gegangen..."

Er knipste die Stehlampe neben dem Tischchen an, räumte den Aschenbecher und die Obstschale beiseite und legte die Pergamente auf die Tischplatte. Die Mappe ermöglichte es, sie zu wenden ohne sie anfassen zu müssen. „Im ersten Fragment steht, wie der Efod nach Ägypten gekommen ist. Das stand damals unter persischer Herrschaft, und es regierte Pharao Setut-Re, der als Förderer der Künste bekannt ist. Schon allein deswegen muss der Efod ihn fasziniert haben."

„Und wohl auch wegen der Steine. Genau wie uns."

„Glauben Sie wirklich an den Hokuspokus mit den Steinen?"

„Es geht nicht darum, was ich glaube. Es geht darum, was die glauben, denen man diese Steine verkaufen könnte. Das Priestergewand, oder der Efod, enthält der Bibel zufolge die Steine ‚Urim und Thummim', üblicherweise übersetzt als ‚Licht und Wahrheit'. Wie Sie wissen, trägt die Yale University of Connecticut sie als ‚lux et veritas' sogar in ihrem Wappen. Der Überlieferung zufolge dienten sie dazu, Gottes Willen zu erkunden. König David soll davon Gebrauch gemacht haben. Wie diese Prozedur genau abzulaufen hat, weiß aber niemand mehr. Bereits im Talmud gibt es darüber nur noch Vermutungen."

„Leider bricht das erste Fragment an der Stelle ab."

„Ich glaube nicht, dass im zweiten Fragment, das uns fehlt, die Gebrauchsanweisung für die Steine steht. Konzentrieren wir uns also auf den dritten Teil."

Sie betrachteten den griechischen Text, der dort – mutmaßlich von einem unbekannten Pythagoras-Schüler – notiert worden war. „Da ist von einer Pyramide die Rede. Die Großen Pyramiden waren aber zu dem Zeitpunkt schon längst..."

„Setut-Re soll mindestens eine eigene Pyramide gebaut haben. Sie ist nicht so bekannt, weil sie kleiner als die Cheops-Pyramide ist und eine Tagesreise weiter westlich steht", erläuterte Sally Hamilton.

„Waren Sie mal da?"

Sie zuckte mit den Schultern. „Nur virtuell. Man kann sie auf Google Earth erkennen. Was sagt also der Text über diese Pyramide?"

Wassili Landow fuhr mit dem Zeigefinger über die Zeilen des Manuskripts, ohne das brüchige Pergament dabei zu berühren. „Schatten der Pyramide. Um die neunte Stunde am Tag des Hundes. – Das klingt, als ob der Schatten der Pyramide um diese bestimmte Zeit einen Hinweis geben soll."

„Einen Hinweis worauf?"

„Keine Ahnung. Vielleicht der Eingang zu einer Schatzkammer. Das sieht man vermutlich am besten vor Ort."

„Solche Experimente können wir uns nicht leisten. Wenn wir vor Ort sind, müssen wir wissen, was wir suchen und möglichst sofort handeln. Andernfalls wird Jacques Renard es vor uns finden. Der ist nämlich auch nicht blöd."

„Haben Sie Ihren Laptop da?"

„In meinem Zimmer, in der Reisetasche."

„Bringen Sie ihn her."

16

Sally kam wenige Minuten später zurück, ihre Computertasche unter dem Arm. „Ich habe übrigens von meinem Zimmer aus die Straße gecheckt", bemerkte sie. „Der Wagen ist weg. Unser Freund Jacques scheint es für heute aufgegeben zu haben."

„Er tut, was sinnvoll ist. Er geht schlafen und lässt uns die Arbeit machen."

Sally Hamilton klappte ihren Laptop auf und fuhr ihn hoch. „WLAN hat diese Absteige ja leider nicht," maulte sie, zog das Datenkabel aus der Seite der Computertasche, schob es in den Rechner und kroch mit dem anderen Ende hinter den Couchtisch, um es in die Telefonbuchse zu stecken. Landow betrachtete beiläufig ihr Hinterteil und stellte fest, dass ihm gefiel, was er sah. Er bedauerte, dass ihre Zusammenarbeit nur geschäftlicher Natur war und nahm sich vor, daran gelegentlich etwas zu ändern.

Die Rothaarige richtete sich auf, loggte sich ins Netz ein und startete Google Earth. Die Übertragungsrate war erbärmlich, und der Download zog sich hin. Zum Glück kannte sie bereits die Koordinaten, auf die sie zoomen musste. Schließlich wurde Setut-Res Pyramide sichtbar; eigentlich waren es sogar zwei; eine nördliche und eine, etwas seitlich versetzte, südliche. „Sehen Sie? Die südliche Pyramide wirft einen Schatten auf die nördliche. Leider kennen wir weder Datum noch Uhrzeit dieser Satellitenaufnahme. Aber es dürfte kaum die neunte Stunde am Tag des Hundes sein."

„Der Tag des Hundes war im ägyptischen Kalender der Aufgang des Sirius, also der 28. Juli", rekapitulierte Landow. „Das ist noch ein Vierteljahr hin. So lange können wir nicht warten."

„Wir müssen das Problem also theoretisch lösen. Wohin fällt der Schatten am 28. Juli zur neunten Stunde?"

„Die neunte Stunde – neun Uhr?"

17

„Nein", widersprach Hamilton. „Damals rechnete man in Temporalstunden; zwölf für den Tag und zwölf für die Nacht, jeweils zwischen Sonnenaufgang und Sonnenuntergang. Die Länge einer Stunde hing also von der Tageslänge ab. Die hat sich aber seit damals nicht geändert, da reicht ein Blick in den Kalender." Sie kramte einen aus ihrer unerschöpflichen Handtasche hervor. „Irgendwann muss ich hier mal aufräumen", murmelte sie. Dann blätterte sie den Juli auf und rechnete halblaut: „Sonnenaufgang 4 Uhr, Sonnenuntergang 20 Uhr. Dazwischen liegen 12 Temporalstunden, das macht für die neunte Stunde ... aha. Ich hatte hier doch ein Astronomieprogramm..."

Die Oberfläche ihres Computers war offenbar wesentlich aufgeräumter als ihre Handtasche und enthielt nur wenige Icons. Sie blätterte sich durch den Programmordner und fand es schließlich. Nach Eingabe von Datum und Uhrzeit stellte das Programm ihr den zugehörigen Sternenhimmel dar. „Sonnenhöhe 45,0 Grad, Azimut 53,1 Grad."

Landow entwarf eine Skizze auf dem hoteleigenen Briefblock, der neben dem Aschenbecher lag.

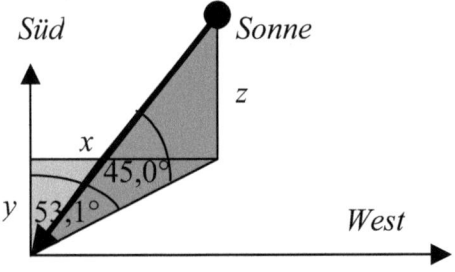

„Dann haben wir jetzt die Richtung des Sonneneinfalls." Hamilton öffnete die Rechneranwendung ihres Computers und tippte kurz. „Wie originell! Wenn man z gleich fünf annimmt, wird es ein pythagoreisches Tripel."

18

„Kein Wunder, wenn Pythagoras seine Finger im Spiel hat", kalauerte der Russe.

„Die horizontalen Koordinaten der Pyramiden kann man mit Google Earth abmessen." Sally tat es und stellte fest: „Die Basis ist 60 Meter im Quadrat. Die nördliche Pyramide hat 10 Meter Abstand und ist 40 Meter nach Osten versetzt." Sie fügte eine weitere Skizze hinzu.

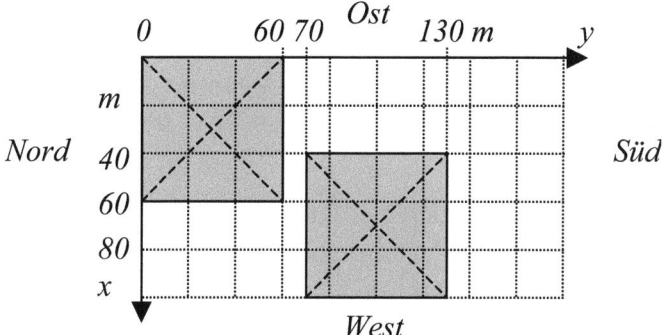

„Damit haben wir fast alle Angaben für die Berechnung des Schattens. Das einzige Problem ist die Höhe der Pyramiden. Die liefert Google nicht."

„In dem Satellitenbild haben sie ja einen Schatten..."

„Aber zur falschen Zeit."

„Das meine ich nicht. Sehen Sie das hier? Zum Zeitpunkt der Aufnahme stand da ein Auto. Die Auflösung ist schlecht, aber ich möchte wetten, dass es ein VW Bully ist. Und er wirft auch einen Schatten, und zwar ... 2,3 Meter lang. Der Schatten der Pyramide ist gleichzeitig 92 Meter lang."

„Wie hoch ist ein Bully?"

„2 Meter, soweit ich weiß."

„Schön. Der Rest ist Dreisatz."

19

Sally Hamilton rechnete nur kurz. „Okay. Damit haben wir auch die Höhe und folglich die Koordinaten der Pyramidenspitze. Verdammt! Diese Dinger sind ziemlich steil, das fällt in dem Satellitenbild gar nicht so auf. Ohne Hilfsmittel kommen wir da nicht hoch."

„Lassen Sie uns doch erst einmal ausrechnen, wo genau der Schatten der südlichen Pyramidenspitze hinfällt. Vielleicht ist das ja gar nicht auf der anderen Pyramide, sondern ebenerdig."

„Das wäre zu schön um wahr zu sein. Außerdem – wenn es einen ebenerdigen Eingang zu einer Schatzkammer gäbe, hätte ihn längst jemand entdeckt. Wir sollten also eher hoffen, dass er es nicht ist."

„Wir werden es ja gleich wissen. Kann Ihr Computer Gleichungssysteme lösen?"

„Aber sicher."

Die Stehlampe flackerte kurz und erlosch. Plötzlich war alles stockdunkel bis auf die Displaybeleuchtung, und dort erschien die Meldung, dass die Internetverbindung abgerissen sei.

„Stromausfall! Mal wieder!", schimpfte Landow und tastete sich ans Fenster. „Ein etwas größeres Problem offenbar. Die ganze Straße ist ohne Strom."

„Egal. Für das Gleichungssystem reicht die Akkuladung bestimmt noch."

Aus den Tiefen ihrer Handtasche hatte Sally Hamilton eine LED-Taschenlampe zum Vorschein gebracht und notierte die Lösung. Es war tatsächlich ein Punkt auf der Seitenfläche der Pyramide, und zum Glück nicht sehr weit oben. „Lassen Sie uns gleich noch berechnen, wie weit von der Ecke entfernt wir die Leiter anstellen müssen. Mit den affinen Koordinaten ist das ja kein Problem."

„Und die nötige Länge der Leiter", erinnerte Wassili sie.

20

„Haben wir auch gleich. Wofür der alte Pythagoras nicht alles gut ist." Sie grinste.

„Und dann sollten wir morgen in aller Frühe einen Wagen mieten, eine Leiter besorgen und hinfahren. Und zwar noch bevor unser Konkurrent Renard auf den Gedanken verfällt, dass wir ohne das dritte Fragment auskommen."

„Ts, ts!" Sie schüttelte tadelnd den Kopf. „Nicht Konkurrent. Mitbewerber heißt das."

„Wie auch immer, mehr können wir hier nicht erreichen. Wir sollten jetzt ins Bett gehen."

„Wie Sie meinen. Und zwar suum quique. Jeder in seins." Sie hatte schon begriffen, woran dieser Macho dachte.

Kapitel 3

In aller Frühe aufzubrechen relativierte sich; das Auftreiben einer Leiter dieser Länge erwies sich als beträchtliches Problem. Schließlich konnten sie, nach längerem Herumfragen, bei einem Handwerker eine ausleihen, gegen ein respektables Bakschisch natürlich. Ausschiebbar, vierteilig. Ein ausgerissenes Loch markierte die Stelle, an der einmal die Sicherungskette befestigt gewesen war. Man durfte wohl nicht zu anspruchsvoll sein. Die größere Sorge blieb, ob durch die Verzögerung ihr ... Mitbewerber ihre Spur wieder aufgenommen hatte.

Als sie die Pyramidenbauten des Setut-Re erreichten, blieb ihnen noch etwa eine Stunde Tageslicht. Einen Verfolger hatten sie nicht bemerkt. Und die Stätte war offenbar leer bis auf ihren eigenen Geländewagen; an diesen abgelegenen Ort verirrten sich selten Touristen.

Landow, eine beträchtliche Menge Staub in den Haaren und das Hemd bis zum Bauchnabel aufgeknöpft, wuchtete die Leiter vom

21

Wagen. „Wenn Sie dann mal das Maßband nehmen und den Punkt bestimmen könnten, an dem wir die Leiter anstellen müssen?"

„Aber gerne doch." Es klang wenig begeistert, die Nacht war kurz und die Fahrt anstrengend gewesen. Und außerdem hatte sie darauf verzichtet, es ihrem Partner gleichzutun und die Bluse aufzuknöpfen.

Sie trat auf das ausgerollte Maßband. „Genau hier. Wenn unsere Berechnung stimmt."

„Ihre Berechnung."

Sie fühlte sich zu müde, um auf diese Bemerkung einzugehen. Der Russe lehnte die Leiter an und schob die oberen Elemente hoch. „Sie dürfen gerne mit anfassen, liebe Sally."

„Wo?"

„Da. Und nicht verkanten, sonst klemmt es."

Sie lächelte falsch. „Ja, lieber Wassili Alexandrowitsch."

Die Leiter schepperte vernehmlich, aber das würde in dieser verlassenen Gegend außer ihnen niemand hören. Hamilton rollte das Maßband zusammen, um es am Fußpunkt der Leiter erneut anzulegen.

„Wie hoch müssen wir?"

Sie blickte auf ihre Notizen und sagte es ihm. „Wenn ich mir eine Bemerkung gestatten darf?"

„Was denn?"

„Es war nicht üblich, Eingänge zu geheimnisvollen Kammern in die Wände einer Pyramide einzubauen. Schon gar nicht in der Höhe."

„Das baut mich jetzt richtig auf", stellte Landow fest. „Wünschen Sie trotzdem den Vortritt?"

22

„Nein, danke."

Er zuckte mit den Schultern und begann die Sprossen zu erklimmen, wobei er das Maßband hinter sich her zog.

„Hier muss es sein", erklang seine Stimme nach einer Weile von ziemlich weit oben. Von unten konnte sie erkennen, wie er an der Flanke der Pyramide herumtastete.

„Und?"

„Da ist nichts."

„,Nichts' ist relativ. Wenn da nichts wäre, würde die Leiter umfallen."

„Ha-ha! Sie sprühen heute vor Scharfsinn."

„Ich wollte damit sagen: Wenn da nichts ist außer der Wand, dann muss die Wand das Geheimnis enthalten."

„Wenn es die richtige Stelle ist."

„Es ist die Stelle, auf die am Tag des Hundes um die neunte Stunde der Schatten der anderen Pyramide fällt. In dem Pergament stand nicht, was wir dort finden."

„Das stand vielleicht auf dem fehlenden Fragment?" Es lag jetzt eine gewisse Schärfe in seiner Stimme.

„Ist das ein Vorwurf?"

„Ach, kommen Sie doch rauf und suchen Sie selber!"

„Kommen Sie vorher runter. Ich traue dieser Leiter nicht zu, dass sie uns beide trägt."

Trotz der erkennbaren Gereiztheit folgte er ihrem Vorschlag. Dann stand Sally Hamilton auf der Leiter. Die Sonne sank rapide dem Horizont entgegen, ihr Licht fiel zwischen den beiden Pyramiden hindurch und streifte die Wand, an der die Leiter lehnte. In dem flach einfallenden Licht warfen kleinste

Erhebungen einen deutlichen Schatten, und so konnte sie eine fast völlig verwitterte Inschrift aus Hieroglyphen erkennen. Die Zeit würde nicht mehr reichen, nach unten zu steigen und den Notizblock zu holen, bis dahin war die Sonne weg.

Das Handy! Sie nestelte ihr Mobiltelefon aus der Tasche. Es zeigte kein Netz an, aber es enthielt eine Kamera. Einhändig schaltete sie es ein, die andere Hand an der Leitersprosse. Wenn man nur einen Daumen frei hatte, waren diese Touchscreens eine Plage, aber es gelang ihr, ein Bild der Inschrift aufzunehmen.

„Was machen Sie da eigentlich?", tönte es von unten.

„Ich habe Ihr ‚Nichts' fotografiert!"

Sie schaffte es nach unten, ehe sie die Sprossen nicht mehr erkennen konnte. Zurück im Wagen, präsentierte sie ihm das Foto. „Das muss eine weitere Ortsangabe sein. Wenn die sich damals etwas weniger blumig ausgedrückt hätten, wäre es einfacher. Aber ich glaube, es verweist auf eine Stelle, die drei Stadien weit von der Westseite dieser Pyramide entfernt ist."

„Welches Stadion ist gemeint?"

„Da werden wir wohl raten müssen. Die Angaben reichen von 164 bis 192 Meter."

„Nun, wir sind immerhin auf der Spur des Efod. Und das Stadion der Israeliten war 165 Meter lang. Versuchen wir's doch damit."

Hamilton kratzte sich nachdenklich am Kinn. „Es waren keine Israeliten, die das Ding hier versteckt haben."

„Wer weiß? Für heute ist sowieso Schluss. Man sieht die Hand nicht mehr vor Augen. Drehen Sie den Sitz runter und versuchen Sie zu schlafen."

„Schnarchen Sie?"

Der Morgen war, einem Sprichwort zufolge, klüger als der Abend. Jedenfalls als der Abend davor. Aber es wurde fast Mittag, ehe sie die dreimal 165 Meter abgemessen hatten und dort tatsächlich auf einen behauenen Stein gestoßen waren, der unter dem Sand begraben lag und nur zu finden gewesen war, wenn man wusste, wonach man suchte.

Drei Stunden schaufelten sie fluchend, bis sie einen Eingang zu einer Art Kammer freigelegt hatten.

„Und jetzt?" Hamilton sah Landow an.

„Ich denke, jetzt sollten wir da reingehen."

„Diese ägyptischen Baumeister haben ihre Schatzkammern bisweilen mit raffinierten Fallen ausgestattet. Gruben mit Speeren und solches Zeug. Möchten Sie nicht vorgehen?"

„Sie legen doch immer solchen Wert darauf, dass es Ihre Pergamente waren."

„Wir gehen beide!", entschied sie.

Im Halbdunkel der Kammer bemerkten sie als erstes eine kunstvoll gestaltete Skulptur, offenbar ein geflügeltes Wesen darstellend, das in hochgereckten Armen eine Schale trug. Darin lagen zwei annähernd kugelförmige Steine. Sally und Wassili sahen sich an. „Urim und Thummim", flüsterte Landow.

Sally Hamilton musste sich eingestehen, dass dies auch ihr erster Gedanke gewesen war. Aber das war zu einfach. „Fassen Sie die Dinger mal an, wie schwer die sind. Glauben Sie im Ernst, das haben die Priester in ihrem Gewand herumgeschleppt?" Sie zog das Handy heraus und öffnete das am Vortag geschossene Foto. „Neben der Lagebeschreibung steht hier noch etwas, das ich bisher nicht verstanden habe: Erst ist von verfeindeten Nachbarn die Rede, und dann kommt noch etwas von Gefäßen, von denen sechs leer sind. Sehen Sie hier Gefäße, von denen sechs leer sind?"

Er blickte um sich. „Diese Mulden an der Rückwand. Aber das sind acht, und sie sind alle leer."

25

„Bingo! Die beiden Steine müssen in zwei der Mulden. Dann sind nur noch sechs leer. Das löst dann womöglich den Mechanismus einer weiteren Tür aus!"

„Vermutlich müssen sie genau in die richtigen Mulden."

„Da hilft nur Durchprobieren. Ein endliches Problem." Sally hob die beiden Steine aus der Schale, stöhnte und ließ sie wieder hineingleiten.

„Was ist?"

„Unser Problem hat sich soeben verdoppelt. Die Dinger sind unterschiedlich schwer. Und ich fürchte, die Reihenfolge ist nicht egal."

„Dann lassen Sie uns anfangen. Die beiden Mulden links zuerst. Dann systematisch eine Kombination nach der anderen."

Sie ließ die Schultern sinken. „Es wird uns wohl nichts anderes übrig bleiben. So kurz vor dem Ziel werden wir nicht aufgeben."

Sie schleppten die beiden Steine zur Rückwand und probierten die erste Kombination aus.

„Still! Da bewegt sich etwas. Hören Sie?"

„Aber es geht keine Tür auf", bemerkte Wassili zutreffend.

Sally blickte um sich, dann nach hinten. Sie erschrak. „Verdammt! Schnell, die Steine wieder raus!"

„Was...?"

„Machen Sie schon!" Sie riss den einen Stein aus der Vertiefung, er – etwas zögernd und verständnislos – den anderen.

„Was ist denn?"

„Sehen Sie doch! Der Eingang! Da hat sich eine Platte ein Stück heruntergesenkt. Zum Glück hat sie angehalten."

26

„Puh! Das also ist die Falle. Wenn man eine falsche Kombination erwischt, verschließt sich der Eingang der Kammer. Vermutlich liegt diese Platte auf einem Lager von Sand, und der Mechanismus gibt eine Öffnung frei, die den Sand heraus rieseln lässt. Wie viele Versuche haben wir, ehe wir eingeschlossen werden?"

„Die Öffnung ist etwa einsfünfzig groß", schätzte Sally. Sie hielt das Maßband an den von oben sichtbar gewordenen Teil der Verschlussplatte. „Und die Platte ist bei unserem Fehlversuch drei Zentimeter runtergekommen. Macht fünfzig Versuche, dann ist der Ausgang versperrt."

„Ein paar weniger, wenn wir noch einen Spalt haben wollen, durch den wir rauskriechen können."

„Das dürfte nicht reichen."

„Kann Ihr Laptop das nicht ausrechnen?"

„Nicht mehr. Der Akku ist leer und ich konnte ihn wegen des Stromausfalls nicht mehr laden. Aber das kriege ich von Hand raus." Sie schrieb einige Zahlen auf ihren Notizblock. „Nein", stellte sie fest, „das reicht wirklich nicht. Aber man könnte ja Glück haben, und wir treffen die richtige Kombination schon vorher."

„Also weiter!"

Das Wissen, dass sich mit jedem Fehlversuch der Ausgang weiter verschloss, verbunden mit der deutlich abnehmenden Helligkeit, während die Platte sich senkte, machte beide zunehmend nervös.

Sally atmete tief durch. „Jetzt ist es nur noch ein halber Meter. Wir brauchen eine Idee."

„Einer von uns geht raus, um notfalls Hilfe holen zu können. Der andere macht allein weiter," schlug Landow vor.

„Sie übernehmen den heroischen Part?"

„Das habe ich nicht gesagt."

„Es ist auch Unfug. Einer allein kommt nicht so schnell voran, entsprechend weniger Versuche bleiben noch."

„Wir müssten etwas in den Eingang stellen, das die Platte aufhält, so dass sie sich nicht ganz senken kann. Da, die Skulptur, in der die Kugeln lagen. Fassen Sie mal mit an!"

Zu zweit gelang ihnen, die steinerne Sphinx – oder was auch immer es war – auf die Seite zu legen und unter die Platte zu wälzen. „So. Mal sehen, ob das die Platte blockiert."

Ein paar Fehlversuche später setzte der steinerne Sargdeckel knirschend auf der Skulptur auf. Bei den nächsten beiden Versuchen erklangen zwar von irgendwo aus dem Mechanismus beunruhigende Geräusche, aber er senkte sich tatsächlich nicht weiter. Trotzdem blickten sie nach jedem erneuten Einlegen der Steine in die Mulden misstrauisch nach hinten.

„Den größten Teil haben wir ausprobiert", schnaufte Landow. „Wenn jetzt nicht bald ein Erfolg..."

Weiter kam er nicht. Die steinerne Skulptur, die sie unter die Platte gelegt hatten, zerbarst knallend; die Platte fiel das letzte Stück herunter und zermalmte unter sich die Bruchstücke. Und dann standen sie in absoluter Finsternis. „Merde!", sagten beide synchron.

Mehrere Minuten der Stille ließen vermuten, dass jeder damit beschäftigt war, mit seinem Schicksal zu hadern. Dann stach der Lichtkegel von Sallys LED-Taschenlampe durch die Dunkelheit.

„Das war's wohl." Wassili Landow bemühte sich, seine Stimme gefasst klingen zu lassen. „Und jetzt?"

„Weitermachen", schlug Hamilton vor. „Ehe ich sterbe, möchte ich wenigstens einmal ‚Licht und Wahrheit' angefasst haben."

„Wenn es Sie glücklich macht."

28

Sie probierten die noch verbleibenden Kombinationen aus. Die vorletzte war es. Neben der Wand mit den Mulden knackte und rumpelte es, und eine Steinplatte versank langsam im Boden.

Sie vergaßen für einen Augenblick die Misslichkeit ihrer Lage und rannten – nein, erschöpft wie sie waren, wankten sie nur noch zu der entstandenen Öffnung. Dahinter lag eine weitere Kammer. Sally leuchtete hinein. Darin...

„Das sieht ja aus, als habe ein Lastwagen ein paar Kubikmeter Waschkies abgekippt."

In der Tat lag da ein gewaltiger Haufen von Steinen, jeder etwa von der Größe einer Walnuss. Sally begann hysterisch zu lachen.

„Was ist das?", entfuhr es Landow.

Sie rang nach Atem, und ihre Stimme überschlug sich. „Licht und Wahrheit. Alles voll. Bedienen Sie sich!"

„Aber was soll das bedeuten?"

„Wie versteckt man am besten zwei Steine? In einem Haufen von Steinen! Wir hatten nie eine Chance!" Sie seufzte. „Und jetzt? Verhungern? Verdursten?"

„Ich nehme an, wir werden ersticken. Der Sauerstoff in dieser Kammer ist begrenzt. Tröstlich ist, dass es nicht weh tut. Man wird einfach bewusstlos, wenn die Sauerstoffkonzentration zu weit absinkt."

„Haben Sie schon einen Vorschlag, wie wir die Zeit bis dahin rumbringen?"

Epilog

Ein scharfer Knall ertönte, dann polterte es. Sie fuhren herum, und blendendes Licht stach in ihre Augen, so dass sie sie zukneifen mussten.

29

„Excuse moi. Störe ich?"

Es war zweifellos Jacques Renard, der jetzt über die Trümmer der zur Hälfte eingestürzten Steinplatte hinweg stieg. Sein Umriss hob sich schwarz gegen den immer noch schmerzhaft hellen Hintergrund ab. Sally löste sich aus Wassilis Umarmung und bemühte sich, ihre Kleidung zu ordnen. „Renard?"

„Es wäre mir weitaus unangenehmer, wenn ich nicht den Eindruck hätte, dass ich hier die Rolle des rettenden Engels übernehmen darf."

„Wie haben Sie uns gefunden?"

„Sie haben ja auf den Erwerb des mittleren Fragmentes verzichtet. Ich habe eine Weile gebraucht, um zu kapieren, dass Sie mich ausgetrickst hatten und es ohne diesen Teil versuchen wollten. Also folgte ich Ihnen mit etwas Verspätung. Die Leiter haben Sie freundlicherweise an der Pyramide stehen lassen, also habe ich mal nachgesehen, was es da zu sehen gab. Ihren Spuren zu folgen, war dann nicht mehr das Problem."

„Und wie haben Sie den Zugang geöffnet bekommen?"

„So schwer war das auch nicht mehr. Diese Steinplatte hier...", er schob mit dem Schuh einen der herumliegenden Brocken beiseite, „...hat offenbar beim Zufallen einen gewaltigen Sprung bekommen. Es genügte ein Tritt, und sie stürzte ein." Sein Blick fiel auf die Rückwand der Kammer. „Ah. Da sind die Gefäße, von denen die Rede war. Die wievielte Kombination war es?"

„Die vorletzte", knurrte Landow.

Renard sah, in welchen Mulden die Kugeln lagen und runzelte die Stirn. „Die letzte, würde ich sagen. Danach kommt nur noch die mit zwei benachbarten Mulden. Und die war ja ausgeschlossen. Nachbarn sind verfeindet, stand da doch."

Sally Hamilton sackte erkennbar in sich zusammen. Das also war damit gemeint. Das war peinlich. Das war sogar noch viel peinlicher, weil es bedeutete, dass sie alle erlaubten Möglichkeiten hätten schaffen können, ehe das Tor sich schloss. Sie entschied sich, Landow gegenüber kein Wort davon zu erwähnen.

„Und wo sind nun die geheimnisvollen Steine? Ich finde, als Ihr Retter habe ich ein Anrecht darauf...“

Sally setzte ein müdes Lächeln auf und deutete auf die Tür zur zweiten Kammer. „Greifen Sie zu, Monsieur Renard. Es sind genug für uns alle.“

ৡৡ

Anmerkung: *Der Autor bittet die geneigte Leserschaft um Nachsicht, dass einige historische Fakten der dichterischen Freiheit zum Opfer gefallen sind: Setut-Re hat keine Pyramiden gebaut und Pythagoras hat keine Gleichungen 5. Grades gelöst. Und der Pythagoras-Schüler, der das Geheimnis der irrationalen Zahlen ausgeplaudert hat, hieß in Wahrheit Hippasos. Aber Wikilikos fand ich lustig.*

Credits: Für die Inspiration Dank an die Autoren von „Indiana Jones – Jäger des verlorenen Schatzes“:

Lawrence Kasdan, Philip Kaufman, George Lucas.

Aufgaben:

1. Bestimmen Sie die restlichen Lösungen der Gleichung

$x^5 - 3x^4 - 5x^3 + 15x^2 + 6x - 18 = 0,$

wenn eine der Lösungen $x = 3$ ist.

Tipp: Polynomdivision.

2. Tag und Nacht wurden in je 12 Temporalstunden eingeteilt. Am fraglichen Datum geht die Sonne um 4 Uhr auf und um 20 Uhr unter. Welche Uhrzeit entspricht dann der 9. Temporalstunde?

3. Berechnen Sie x und y des Richtungsvektors der Sonnenstrahlen, wenn $z = -5$ m ist (Runden Sie sinnvoll).

4. Berechnen Sie die Höhe der Pyramiden und die Koordinaten der Pyramidenspitzen.

5. Bestimmen Sie die Koordinaten des Schattens der südlichen Pyramidenspitze auf der nördlichen Pyramide (Runden Sie sinnvoll).

6. In welcher Entfernung von der östlichen Pyramidenecke muss die Leiter angestellt werden, und wie lang muss die Leiter sein?

7. Wie viele Möglichkeiten gibt es, zwei unterschiedliche Kugeln in acht Mulden zu verteilen?

8. Wie viele Möglichkeiten bleiben noch übrig, wenn die Kugeln niemals in zwei benachbarten Mulden liegen dürfen?

Formeln des Verbrechens

Kapitel 1

Nachdem sich Sherlock Holmes in ein abgelegenes Haus an der Küste von Sussex zurückgezogen hatte und sich dort der Betrachtung der Natur und der Zucht von Bienen widmete, sah ich ihn nur noch sehr selten, wie ich an anderer Stelle bereits erwähnte. Eine dieser seltenen Begegnungen fiel in den Sommer des Jahres 1908. Ich erinnere mich, wie die Feldblumen im Sonnenschein leuchteten, umsummt von etlichen Immen, die zweifellos zu den Völkern meines Freundes gehörten.

Er selbst saß auf einer Bank vor seinem Haus und schien zu dösen, den Kopf nach vorn geneigt. Ein Buch war auf seine Knie gesunken, in dem er scheints gelesen hatte, ehe ihn die Müdigkeit überkam. Ich trat leise hinzu und versuchte, den Buchtitel auf dem Rücken des Bandes zu entziffern: ‚Lehrbuch der Algebra für höhere Lehranstalten' las ich zu meiner Verwunderung.

Mag sein, dass mein auf ihn fallender Schatten ihn geweckt hatte. Er hob den Kopf, blinzelte ins Licht und bemerkte: „Mein lieber Watson, welche Freude, dich mal wieder zu sehen. Aber findest du nicht, dass es deiner Gesundheit zuträglicher gewesen wäre, bei dem schönen Wetter zu Fuß von der Bahnstation hier herauf zu wandern, anstatt dich vom Müller auf seinem Fuhrwerk bis zur Weggabelung mitnehmen zu lassen?"

„Er kam zufällig vorbei und bot es mir an, als er sah, welchen Weg ich vom Bahnhof aus einschlagen wollte. Außerdem bin ich das letzte Stück zu Fuß..." Ich hielt inne, als ich die Bedeutung seiner Worte begriff. „Holmes, in früheren Jahrhunderten hätte man dich als Hexenmeister verbrannt."

Er lächelte milde. „Elementar, mein lieber Watson. Der erste Zug kommt um zehn Uhr. Wie ich jener Sonnenuhr dort drüben

33

entnehme, ist es jetzt elf. Zu Fuß könntest du also noch gar nicht hier sein. Der Mehlstaub auf deinem Ärmel beweist, mit wem du gereist bist. Und an der Wegegabel, an der du abgestiegen bist, wächst derzeit eine üppige Klette, die dir einen ihrer Samenstände an die Hose geheftet hat in dem lobenswerten Bestreben, für die Verbreitung ihrer Nachkommen zu sorgen." Er reichte mir die Hand. „Setz dich zu mir, genieße die Sonne. Oder wenn du Durst hast, geh hinein, dort steht ein vorzüglicher Kräutertee in einem Krug, den ich mir heute früh aufgegossen habe und den man auch gut kalt trinken kann."

Ich verzichtete auf den Tee und nahm neben ihm auf der Bank Platz. „Und du beschäftigst dich auf deine alten Tage noch mit Mathematik, wie ich sehe?"

Er schlug das Buch auf. „Vielleicht magst du mit mir zusammen einem kleinen mathematischen Problem nachgehen, das einige Jahrzehnte alt ist."

„Man könnte in der Tat meinen, du starrst schon einige Jahrzehnte auf diese Seite", versetzte ich.

„Vortrefflich, mein lieber Watson. Zweifellos ist dir aufgefallen, dass die Seite sich fast von selbst aufgeschlagen hat, weil die Falzung sich erinnerte, welcher Seite mein ausgiebiges Interesse gegolten hatte. Du entwickelst auf deine alten Tage noch richtig Scharfsinn."

„Danke", entgegnete ich etwas pikiert. Seine Eitelkeit duldete es nur schwer, wenn ich auch einmal seine Methoden erfolgreich anwandte.

„Sei nicht beleidigt, das war ein Lob. Wende deine Aufmerksamkeit nun einmal dem mathematischen Thema zu, um das es in diesem Kapitel geht, und dir wird zweifellos einfallen, auf wessen – wenngleich längst erkalteten – verbrecherischen Spuren ich hier wandle."

34

Die Seite behandelte den wohlbekannten Lehrsatz, nach welchem $(a+b)^2 = a^2+2ab+b^2$ zu setzen war, und erläuterte dies durch einige Zeichnungen mit Quadraten. „Ich sehe, ehrlich gesagt, nichts Verbrecherisches in dem binomischen...“ Beim Aussprechen des Begriffs fiel es mir ein. „Moriarty!“, entfuhr es mir.

„Richtig, mein Lieber. Wie wir wissen, erlangte er seine erste wissenschaftliche Reputation durch einen in der Fachwelt viel beachteten Aufsatz zu genau diesem Thema. Ich habe mich immer gefragt, was mein verflossener Erzfeind, Friede seiner Asche, an diesem Satz, der vermutlich schon Euklid bekannt gewesen sein dürfte, noch Großartiges entdeckt haben kann. Und ich bin drauf und dran, dieses Geheimnis zu lüften. Wie es scheint, begann Moriartys verbrecherische Laufbahn entweder mit diesem Satz, oder aber der Satz war es, der ihn vom Pfad der Tugend fortlockte und zu dem machte, was er dann geworden ist: dem Napoleon des Verbrechens.“

„Jetzt sprichst du in Rätseln.“

„Weil du nicht weißt, was ich inzwischen herausgefunden habe. James Moriarty studierte damals an einem kleinen College in Cheltenham. Und in dem gleichen Jahr, in dem er mit seiner Veröffentlichung von sich reden machte, kam es genau dort zu einem Zwischenfall, der meines Wissens nie aufgeklärt wurde. Ich habe mir die Akten kommen lassen, genauer, unser alter Freund Lestrade hat mich damit versorgt. Kalt und verjährt, sagte er, was schadet's, wenn Sie auch noch Ihre Nase hineinstecken.“

„Ein reizender Mensch.“

„Er ist nach dem Eintritt in den wohlverdienten Ruhestand umgänglicher geworden. Altersmilde, wie man so sagt.“

„Und was also passierte damals an diesem College?“

„Es wurde ein kostbares Buch aus der Bibliothek entwendet. Eine Inkunabel von Petrus Schoiffer.“

„Eine ... was?"

„Eine Inkunabel. Ein Druck aus der Zeit vor 1500, als der Druck mit beweglichen Lettern eben erst erfunden war und die Erscheinungsform der Drucke sich noch an den mittelalterlichen Handschriften orientierte. Der junge Moriarty war in die Sache verwickelt, genauer, er wurde verdächtigt, aber man konnte ihm nichts nachweisen. Du solltest dir die Akten ansehen."

Kapitel 2

Er erhob sich, und ich folgte ihm ins Haus. Drinnen herrschte die gewohnte Unordnung, mit der sich Holmes zu umgeben pflegte, und ohne die er sich offenbar nicht wohlfühlte. Er griff zielsicher nach einer Akte aus dem Bücherstapel und schob sie mir zu. „Setz dich", forderte er mich auf, während er sich eine Pfeife zu stopfen begann, „und sieh, was du daraus machst."

Ich will es kurz machen, die Unterlagen enthielten die Aussagen diverser Zeugen und auch eine Stellungnahme des Studenten Moriarty selbst. Außerdem gab es eine Skizze mit einem Lageplan der Bibliothek und der benachbarten Gartenanlage. Ich gebe ihn zum besseren Verständnis hier wieder:

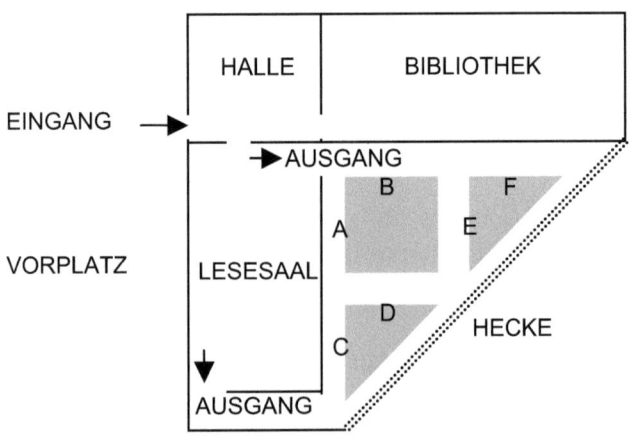

36

Den eigenen Angaben nach hatte der junge Moriarty im Lesesaal in dem besagten Band studiert. Dann war er im Nachdenken auf und ab gegangen, bis der Bibliothekar meinte, die Wanderung störe die Ruhe. Er hatte ihn daraufhin in die Halle verwiesen, wenn er das denn unbedingt zu seiner Konzentration brauche. Allerdings sei er ab und zu ans Lesepult zurückgekehrt, um einen Blick in das Buch zu werfen. Kurz nach zwölf Uhr sei er in den angrenzenden Garten gegangen, um frische Luft zu schnappen. Es war ein heißer Sommertag, und die Luft in dem geschlossenen Raum habe ihn ermüdet. Das Buch habe er allerdings am Lesepult liegen lassen.

Der Bibliothekar Henderson bestätigte diese Aussage in fast allen Punkten, jedoch sei das Buch, als er es wegräumen wollte, nicht auf dem Pult und auch sonst nirgends zu finden gewesen. Hieraus resultierte die Anschuldigung gegen Moriarty, obwohl Henderson darauf beharrte, es wäre ihm bestimmt aufgefallen, wenn jemand mit einem Buch das Gebäude nach draußen zum Vorplatz verlassen hätte, denn das sei ausdrücklich verboten und werde streng kontrolliert.

Weiterhin gab es vier Mitstudenten, die zu dieser Zeit – kurz nach zwölf Uhr – ebenfalls im Garten gesessen hatten, und zwar jeder auf einer der Bänke, die – von mannshohen Büschen umfasst – an den verschiedenen Wegen standen. Wenngleich der Garten nicht sehr groß ist, konnten sie sich wegen des dichten Bewuchses gegenseitig nicht sehen. Bezüglich der Uhrzeit waren sie sich sicher, da die Turmuhr bereits zwölf, aber noch nicht viertel nach geschlagen hatte.

Obwohl die vier, jeder auf einer Bank, an den Punkten C, D, E und F der Skizze gesessen hatten, hatte doch jeder von ihnen Moriarty vorbeigehen sehen, und zwar immer in Richtung der Hecke. Und noch erstaunlicher: Grichton und Smith, die bei C beziehungsweise F gesessen hatten, gaben an, Moriarty mit einem Buch unter dem Arm gesehen zu haben, während Harper und

Sanders ihn bei D und E gesehen haben wollten, ebenfalls in Richtung der Hecke gehend. Diese aber beschworen, er habe kein Buch bei sich gehabt.

Holmes sog an seiner Pfeife. „Nun, Watson, was sagst du dazu?"

„Hm. Alle stimmen überein, dass Moriarty kurz nach zwölf vorbeiging und aus Richtung der Bibliothek kam. Zwei sahen ihn mit einem Buch und zwei ohne. Aber die können sich natürlich getäuscht haben, vielleicht hatte er das Buch unter dem Mantel oder hinter dem Rücken."

„Hast du dir den Plan angesehen? Er kam demnach bei C, D, E und F vorbei, und jedes Mal von der Bibliothek her."

„Er ist im Zickzack gegangen und kam überall vorbei."

„Ausgezeichnet, Watson. Dann kannst du mir sicherlich angeben, welchen Zickzackweg unser Mann eingeschlagen hat, um an allen vier Kommilitonen vorbeizukommen. Wohlgemerkt, jedes Mal von der Bibliothek her kommend."

Ich probierte es eine Weile und musste zugeben, dass es nicht ging.

„Übrigens war das Buch so groß, dass man es nicht unter einem Mantel hätte verstecken können. Davon abgesehen war es Sommer, da trug niemand einen Mantel."

„Aber er muss es genommen haben. Es war weg, als der Bibliothekar es wieder einordnen wollte, und zwei der Studenten haben Moriarty mit dem Buch ja auch gesehen."

„Ja. Zwei. An entgegengesetzten Enden des Gartens. Würde nicht ein Dieb versuchen, seine Beute auf dem kürzesten Wege in Sicherheit zu bringen?"

„Er konnte den Garten ja gar nicht verlassen. Beide Zugänge münden in den Lesesaal."

„Richtig. Aber ich könnte mir schon vorstellen, dass er das Buch ohne weiteres unter die Hecke schieben und es später von der Außenseite her hervorziehen und sich damit aus dem Staub machen konnte. Nur, wenn er wirklich mit dem Buch an Grichton und Smith vorbeikam, müsste ihn dann nicht einer der beiden, Sanders oder Harper, in der anderen Richtung gehen gesehen haben? Und zwar mit dem Buch, nicht ohne? Das ist der Punkt, mein lieber Watson, der immer noch der Aufklärung bedarf."

„Mir fällt dazu nur ein, dass die Zeugen sich getäuscht haben."

Holmes nickte und blies eine Rauchwolke in die Luft. „Genau diesen Schluss zog die Polizei damals auch, zumal bei einer Durchsuchung von Moriartys Studentenbude keine Spur von dem Buch gefunden wurde. Das Buch blieb verschwunden, aber Moriarty war nichts nachzuweisen."

„Wie bei allen seinen späteren Verbrechen", überlegte ich.

„Ganz genau. Aber ich bin überzeugt, er hat hier eine erste Probe seiner meisterhaften Strategie des Täuschens und Vertuschens geliefert."

„Strategie?"

„Es ist doch offensichtlich, dass es genau seine Absicht gewesen sein muss, die Zeugen zu widersprüchlichen Aussagen zu veranlassen, um sie unglaubwürdig zu machen. Wäre er einfach mit dem Buch zur Hecke gegangen, um es dort zu verstecken, so hätte einer der Kommilitonen ihn gesehen und belastet. So aber: Vier Wege, vier Zeugen. Aber deren Aussagen heben sich auf: zwei sahen ihn mit Buch, zwei ohne. Ich nehme an, während der Durchsuchung seiner Wohnung lag das Buch immer noch unter der Hecke, und er holte es erst, nachdem sich die Wogen geglättet hatten. Das Wetter war trocken damals, dem Buch konnte nichts geschehen."

„Aber er konnte doch unmöglich gleichzeitig an vier verschiedenen Zeugen vorbei jedes Mal in Richtung der Hecke gehen!"

Holmes stutzte und sah mich mit großen Augen an. „Was sagtest du eben?"

„Wie er gleichzeitig...?"

Kapitel 3

„Das ist es, Watson! Wie war ich doch blind! Und du kannst dich immer noch rühmen, in deiner Arglosigkeit den Katalysator für meinen Geist zu spielen!"

„Das ist schön", bekannte ich mit wenig Begeisterung. Offenbar hatte er aufgrund meiner Bemerkung eine Erkenntnis gewonnen, die mir wieder einmal entgangen war.

Holmes lächelte. „Gleichzeitig ist der Schlüssel. Alle gingen davon aus, dass Moriarty nicht gleichzeitig vier Wege gegangen sein kann. Aber das musste er ja gar nicht. Das Problem löst sich vollständig auf, wenn man bedenkt, dass man ja hier unten wieder in den Lesesaal kommt." Er tippte mit dem Pfeifenstiel auf die Skizze. „Moriarty betrat nach jedem seiner Gänge den Raum wieder von dieser Seite und ging oben wieder hinaus. Bei den ersten beiden dieser Wege hatte er das Buch unter dem Arm, dann legte er es unter die Hecke und drehte zwei weitere Runden ohne das Buch, damit Harper und Sanders ihn auch noch zu sehen bekamen."

„Aber sie haben ihn doch gleichzeitig gesehen", warf ich ein.

„Von gleichzeitig ist ja in Wahrheit gar keine Rede! Bedenke: Es war zwischen zwölf und Viertel nach zwölf. Da die Turmuhr alle Viertelstunden schlägt, ist eine genauere Eingrenzung des Zeitpunkts gar nicht möglich. Durch den Garten hindurch und durch den Lesesaal wieder zurück kann es eine Sache von

40

höchstens drei Minuten sein. Wenn er den ersten Gang zwei nach zwölf antrat, beendete er den vierten um vierzehn nach zwölf. Der Bibliothekar Henderson hatte sich an sein ständiges Herumgehen gewöhnt und wurde sicherlich erst aufmerksam, als er Moriarty plötzlich nicht mehr hörte. Da aber hatte der seine vier Runden bereits absolviert und war tatsächlich auf und davon."

Ich betrachtete die Skizze und musste zugeben, dass es sich so abgespielt haben konnte. Dann fiel mir ein, wie Holmes überhaupt auf diesen Fall gestoßen war. „Aber was in aller Welt hat das nun mit dem binomischen Lehrsatz zu tun?"

Mein Freund griff wieder zu dem Algebrabuch und blätterte die Seite um. Dort war das dreieckige Zahlenschema abgedruckt, das Monsieur Pascal aufgestellt hatte:

$$1$$
$$1 \quad 1$$
$$1 \quad 2 \quad 1$$
$$1 \quad 3 \quad 3 \quad 1$$
$$1 \quad 4 \quad 6 \quad 4 \quad 1$$
$$\dots\dots\dots$$

„Wie du sicherlich weißt, sind dies die Binomialkoeffizienten", erläuterte Holmes, „so genannt, weil sie in der binomischen Formel eine Rolle spielen. Im Falle $(a+b)^2$ lauten sie 1, 2 und 1 für $1a^2 + 2ab + 1b^2$. Im Falle $(a+b)^3 = 1a^3 + 3a^2b + 3ab^2 + 1b^3$ wäre also die Zeile 1, 3, 3, 1 zu verwenden. Nun betrachte die Wege, die durch den Garten führen. Einer mündet direkt unten, zwei münden in der Mitte, einer rechts oben an der Hecke. Da hast du 1, 2 und 1. Wäre der Garten größer und besäße eine weitere Verzweigung, so käme 1, 3, 3 und 1 zur Anwendung und so fort."

Er zog einen Band von seinem Schreibtisch, der wie der gebundene Jahrgang einer Zeitschrift aussah. In der Tat war es ein Jahrgang der Annalen einer mathematischen Gesellschaft. „Hier ist die viel gerühmte Arbeit Moriartys zum binomischen Lehrsatz

41

abgedruckt", erläuterte mein Freund. „Sie besteht im Kern aus dem Beweis zweier Sätze. Der erste weist auf den Umstand hin, dass die Summe 1+2+1 gleich 4 ist, die Summe 1+3+3+1 gleich 8, und mit jeder Vergrößerung der Potenz an $(a+b)$, also wenn man so will, mit jeder weiteren Vergrößerung des Gartens, verdoppelt sich die Zahl der Wege. Ist der Exponent n, so ist die Zahl der Wege die n-te Potenz von 2."

„Mit dieser Formel konnte er also berechnen, wie viele Runden durch das Gebäude er gehen musste, um alle Zeugen hinreichend zu verwirren", stellte ich fest.

„Gut formuliert. Aber das ist erst die Hälfte der Wahrheit. Moriartys zweiter Satz besagt nämlich, wenn man beim Aufsummieren die Vorzeichen abwechselt, also 1–2+1 oder 1–3+3–1 oder auch 1–4+6–4+1 und so fort, so ergibt sich jedes Mal die Summe null."

„Was bedeutet das für das gestohlene Buch?"

„Das liegt doch auf der Hand: der erste Zeuge sah ihn mit Buch, zwei Zeugen sahen ihn ohne Buch, der letzte wieder mit Buch. Ihre Aussagen summieren sich daher zu null und sind somit wertlos, da ebenso viele das eine wie das andere behaupten."

Ich hatte mittlerweile doch Durst bekommen und bat um einen Becher von dem Kräutertee, obwohl ich mir sonst nicht viel aus dieser Art Gebräu mache, das ich bestenfalls meinen Patienten als Medizin verordnet habe. Holmes sah mich ernst an, während ich den Becher leerte.

„Was überlegst du?", erkundigte ich mich.

„Ich frage mich gerade, wie viele weitere großartige Lehrsätze die Mathematik hätten bereichern können, wenn Moriarty auch sie veröffentlicht hätte, anstatt sie nur als Formeln zur Planung seiner Verbrechen zu missbrauchen."

ౡ ಖ

Anmerkung: *Andere Autoren haben weitere (weitaus schönere) Theorien beigetragen, welche Entdeckung Moriarty am binomischen Lehrsatz gemacht haben könnte. Dies hier ist nur mein bescheidener Vorschlag.*

Credits: Mein Dank gilt Sir Arthur Conan Doyle, dem Schöpfer des unsterblichen Meisterdetektivs.

Aufgaben:

1. Vom Bahnhof bis zu Holmes' Haus sind es 5,5 Meilen (eine englische Meile sind 1520 m, rechnen Sie aber in Meilen). Die erste Teilstrecke legte Watson mit 9 mph (Meilen pro Stunde) auf dem Fuhrwerk des Müllers zurück, den Rest wanderte er mit 3 mph. Insgesamt brauchte er für den Weg eine Stunde. Berechnen Sie hieraus, wie weit und wie lange er zu Fuß ging.

2. Begründen Sie, warum die Anzahl der möglichen Wege, die von einem Eckpunkt zur Diagonalen durch ein Gitter führen, durch die Binomialkoeffizienten beschrieben wird, z.B.:

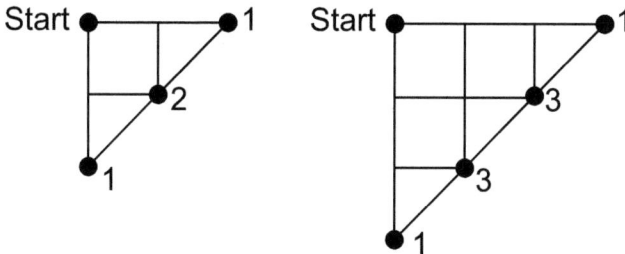

3. Beweisen Sie, dass die Summe der Binomialkoeffizienten der n-ten Zeile im Pascal'schen Dreieck gleich 2^n ist.

4. Beweisen Sie, dass die alternierende Summe (also mit abwechselnden Vorzeichen) der Binomialkoeffizienten in jeder Zeile des Pascal'schen Dreiecks (außer für $n=0$) stets gleich 0 ist.

Der Tote am Stausee

Prolog

Sie waren bei strömendem Regen angekommen, sie hatten ihre Ermittlungen bei strömendem Regen durchgeführt, und es sah ganz danach aus, als ob sie auch bei strömendem Regen wieder abreisen würden. Die Formulierung, die ganze Sache habe sich im Sande verlaufen, entbehrte da nicht eines gewissen Hohns.

Wasserströme rannen die Fensterscheibe hinunter, der Himmel war dunkelgrau verhangen. Sergeant Detective Walter Stiller von der Bundespolizei stand am Fenster und wandte seiner Kollegin den Rücken zu; trotzdem konnte er im Spiegelbild in der Scheibe erkennen, wie sie ihren Regenmantel an einen Garderobenhaken hängte. „Und?"

Detective Diana Hunter schüttelte ihren Haarschopf aus wie ein nasser Hund. „Der Sheriff war meinem Charme nicht zugänglich, wenn Sie das meinen. Ich glaube, er hat etwas gegen Schwarze. Es war alles ein Irrtum, kein Verbrechen, nur ein Unfall, wir hätten gar nicht zu kommen brauchen, und er bedauert außerordentlich, dass er überhaupt die Bundespolizei bemüht hat."

„Konnten Sie die Leiche noch mal sehen?"

„Nein. Wurde heute in aller Frühe beerdigt, sagte er. Und er wünscht uns eine gute Heimreise."

Stiller drehte sich abrupt um. „Das stinkt doch zum Himmel! Diesem Sheriff Boxhorn kann es gar nicht schnell genug gehen, uns loszuwerden und den Toten bei Nacht und Nebel unter die Erde zu bringen."

„Bei Nacht und Wolkenbruch", korrigierte Diana Hunter säuerlich. „Aber was sollen wir machen? Unsere Zuständigkeit endet hier, wenn es kein Verbrechen war. Wenn er wirklich etwas

44

zu verbergen hatte, warum hat er uns dann überhaupt angefordert?"

„Es muss etwas geben, das seinen Meinungsumschwung bewirkt hat. Ich weiß nur nicht was. Aber es gefällt mir nicht. Ihnen etwa?"

„Nicht wirklich. Zumal er uns gestern noch dieses Notizbuch des Toten gegeben hat. Jetzt wollte er es wieder haben – um es Miltons Mutter zu geben, sagte er."

„Und was haben Sie gesagt?"

„Ich sagte, ich hab's im Hotelzimmer und muss es erst holen."

Stiller blätterte in dem inzwischen getrockneten Notizbuch aus der Tasche des Opfers. „Viel anfangen kann man damit ohnehin nicht. Notizen über Minerale, Skizzen von irgendwelchen Gesteinen. Er war Naturforscher, nicht wahr? Aber das hier könnte eine Skizze des Stausees sein – und eine Berechnung."

„Für Milton schien es wichtig gewesen zu sein. Der Bleistift steckte genau an dieser Stelle, als man ihn fand."

Stiller warf einen Blick durch das Hotelfenster. Es goss seit Tagen ununterbrochen, die Straße war aufgeweicht und ähnelte allmählich einem Bach. Es fehlte nur noch ein Biber, um dem Namen des Nestes gerecht zu werden: Beaver Creek. Er gab sich einen Ruck. „Ziehen Sie Ihren Mantel wieder an, wir fahren noch mal zum Fundort des Toten hoch."

Hunter rollte mit den Augen. „Um dort *was* zu finden?"

„Einen Hinweis, den wir übersehen haben."

„Wenn es je einen gab, dann hat der Regen ihn inzwischen weggespült", unkte Hunter.

45

Kapitel 1

Die Leiche von Kelvin Milton war oberhalb des Stausees am Waldrand gefunden worden. Sheriff Sam Boxhorn hatte ihnen am Vortag die Stelle gezeigt, an der der junge Mann – angeblich halb unter Erde und Schlamm begraben – gelegen hatte. Sie waren mit dem Geländewagen des Sheriffs gefahren. Heute, mit ihrem eigenen Dienstwagen, schafften sie es bei dem aufgeweichten Waldboden nicht mehr bis ans Ziel. Die letzten hundert Meter mussten sie zu Fuß zurücklegen, wobei Hunter ihrem Ärger lautstark Luft machte, dass sie sich dabei ihre modischen Pumps ruinierte. Stillers Schuhe sahen nicht besser aus, aber er behielt es für sich.

Dann erreichten sie die bewusste Stelle. Die Spuren eines Erdrutsches waren immer noch deutlich zu sehen. Stiller blickte den Hang zwischen den Kiefernstämmen hinauf, von wo der Schlamm gekommen war, während Hunter ihre Trittchen auszog und untersuchte, ob sie noch zu retten waren. „Ich geh da nicht rauf. Ich habe keine Lust, mich weiter einzusauen. Und Sie sollten auch vorsichtig sein."

„Ja, Mama."

Da seine Kollegin sich weigerte, kletterte der Sergeant Detective allein den glitschigen Hang hoch. Durchnässt, wie er war, kam es darauf nun auch nicht mehr an. „Das ist interessant", rief er von oben.

„Was?"

„Hier oben ist nicht zu erkennen, woher solche Mengen an Schlamm gekommen sein sollen. Aber hier sind Spuren eines LKW oder einer Baumaschine." Er wühlte unter dem Mantel in seinen Jackentaschen, brachte ein Handy zum Vorschein und machte Fotos. Dann kletterte er wieder herunter.

46

Im zweifelhaften Schutz einer verfallenen Mauer zeigte er die Bilder seiner Kollegin. „Warum hat das niemand vorher gesehen?", fragte sie.

„Weil niemand danach gesucht hat?", vermutete Stiller. „Es sieht so aus, als habe jemand von da oben gezielt eine Fuhre Erde abgekippt, entweder um Milton zu ermorden, oder zumindest, um einen Mord zu vertuschen und als Unfall zu tarnen."

„Meinen Sie, der Sheriff weiß davon?"

„Ich bin mir nicht sicher. Als er uns anforderte, musste er damit rechnen, dass wir etwas finden. Also wusste er zu dem Zeitpunkt vermutlich nichts davon. Inzwischen allerdings..."

Er behielt den Rest seiner Vermutung für sich und deutete statt dessen hinunter zum Stausee. „Das Wasser ist gestiegen seit gestern."

„Mag sein. Bei dem Regen."

„Der Baum da unten stand letztes Mal noch auf dem Trockenen. Jetzt steht er rund vierzig Zentimeter tief im Wasser." Sein Blick glitt hinüber zur Staumauer, die verschwommen hinter dem Regen erkennbar war. „Die Mauer hat allerdings noch knapp fünf Meter Reserve, ehe der Überlauf erreicht ist. Fünf Meter – wenn der Pegel am Tag um vierzig Zentimeter steigt, wäre das erst in zwei Wochen soweit."

„So können Sie das nicht rechnen", warf Hunter ein. „Das Becken des Sees wird nach oben ja breiter. Bei konstantem Zufluss steigt der Pegel also immer langsamer."

„Stimmt. Daran hatte ich nicht gedacht. Aber mit unserem eigentlichen Problem hat das nichts zu tun: Wie starb Kelvin Milton?"

„Wenn ich an diese Berechnungen in dem Notizbuch denke, hat es vielleicht doch damit zu tun."

„Jedenfalls müssen wir davon ausgehen, dass er gewaltsam starb. Entweder unter der gezielt ausgelösten Schlammlawine, oder er war vorher schon tot. Die Frage muss daher lauten: Warum starb Kelvin Milton?"

Sie nickte. „Und warum gerade hier oben!?"

Nachdenklich machten sie sich auf den Rückweg zu ihrem Wagen. Als sie ihn fast erreicht hatten, trat Hunter in ein Erdloch und verlor das Gleichgewicht. „He...!" Reflexartig versuchte sie sich an einem morschen Pfosten festzuhalten, der gerade in Reichweite ihrer Hände war, dieser knickte dabei um, und sie ging zusammen mit dem Pfosten zu Boden. Hilfreich sprang Stiller hinzu und half ihr beim Aufstehen. „Sie wollten sich nicht mehr einsauen, sagten Sie?"

„Sehr witzig." Sie sah an sich herab und schien einen Fluch herunterzuschlucken. „Sehen Sie sich das an!"

Stiller blickte allerdings zu dem abgebrochenen Pfosten. Dieser hatte ein verwittertes Schild getragen, das jetzt mit der beschrifteten Seite nach oben zu liegen gekommen war. ‚Silbermine Beaver Creek – Betreten verboten', entzifferte er.

Eine Silbermine hatte es hier also auch einmal gegeben. Er kratzte sich nachdenklich am Kinn. Wenn es hier alte Silberstollen gab, war da nicht zu befürchten, dass das Wasser des Stausees in einen der Stollen durchbrach und dann, weiß der Teufel wo, wieder herauskam? Aber offenbar war das nie zum Problem geworden. Und es hatte mit ihrem Fall nun wirklich nichts zu tun. Oder? Allmählich konnte alles mit ihrem Fall zu tun haben. Jedenfalls musste er sich eingestehen, dass sie sich sträflich schlecht auf ihren Einsatz vorbereitet hatten. Sie waren gekommen, um einen Mord zu untersuchen, aber sie hatten sich kein bisschen mit den örtlichen Gegebenheiten vertraut gemacht. Er beschloss, das nachzuholen.

„Mein Rock ist hinüber. Meine Strümpfe sind hinüber. Meine Schuhe sind hinüber!", beklagte sich Hunter in seine Gedanken hinein. „Das interessiert Sie überhaupt nicht, was?"

Stiller musste schmunzeln. „Sie erinnern mich an eine Romanheldin, deren Abenteuer ich in meiner Jugendzeit verschlungen habe. Die ruinierte regelmäßig ihre Kleider."

„Na toll."

Sie erreichten den Wagen und stiegen ein. „Da an Ihren Sachen nun nichts mehr zu verderben ist, schlage ich vor, wir sehen uns noch an, auf welchem Weg ein LKW oben in den Wald kommen kann." Wenigstens an eine gute Landkarte hatte er im Vorfeld gedacht. Wenn man nicht wusste, was man eigentlich suchte, war sie wesentlich hilfreicher als ein Navigationsgerät. Er breitete die Karte auf dem Schoß aus. „Da ist der Oberlauf des Flusses. Hier ist der Stausee. Dann sind wir etwa hier. Ah, da haben wir's ja. Wenn man von der 66 hier abbiegt, müsste man von der anderen Seite in den Wald kommen. Hoffentlich ist der Weg besser als dieser hier." Er ließ den Motor an.

Hunter griff nach der Karte. „Soll ich Sie lotsen?"

„Können Sie mit der Karte umgehen?"

Hunter warf einen Blick zum Himmel, wenn auch nur bis zu dem des Autos. „Okay. Vorurteile on. Frauen können keine Karte lesen, und Männer fragen nie nach dem Weg. Vorurteile off. Sonst noch was?"

Der Sergeant Detective blieb eine Antwort schuldig und fuhr los.

*

An der Abzweigung in den Waldweg hinein gab es einen kleinen Rastplatz mit überquellenden Papierkörben. „Halten Sie da mal an", bat die dunkelhäutige Polizistin.

49

Stiller lenkte den Wagen auf den Parkplatz und hielt an. „Und nun?"

„Sehen sie mal, wie schnell das Wasser strömt. Das läuft alles in den Stausee." Der Fluss führte Treibgut mit sich, so dass es leicht war, die Strömungsgeschwindigkeit abzuschätzen. „Etwa einen Meter pro Sekunde, würde ich sagen. Wenn man jetzt die Breite und den Querschnitt des Flusses hat, kann man die Wassermenge berechnen."

„Und was haben wir davon?"

„Haben Sie noch mal das Notizbuch?"

„Hier."

„Sehen Sie mal, Walter. Höhe der Staumauer. Breite des Sees. Ich denke, er hatte angefangen zu berechnen, wann der See voll ist."

„Leider ist er damit nicht fertig geworden."

„Dann holen wir es nach. Da drüben an der Brücke steht eine Informationstafel. Vielleicht können wir der die benötigten Maße entnehmen."

„Dazu müssen Sie noch mal in den Regen."

Diana Hunter lächelte schmelzend. „Ich dachte, Sie gehen."

Stiller taxierte, dass sie beide gleich nass und gleich verdreckt waren, also konnte er ihr den Gefallen ebenso gut tun. Er stieg aus.

Unterdessen betrachtete Hunter noch einmal die letzte Skizze des Notizbuches. Milton hatte eine Linie unterhalb der Dammkrone eingezeichnet, bei einem Pegel von 24,6 Meter, deren Bedeutung sich nicht unmittelbar erhellte. Lediglich ein Ausrufezeichen daneben ließ vermuten, dass es eine wichtige war.

Stiller kehrte, etwas nasser als vorher, in den Wagen zurück, ließ sich in den Sitz fallen und warf die Tür zu. Die Feuchtigkeit ihrer

50

Kleidung ließ allmählich die Scheibe beschlagen, er drehte den Lüfter auf volle Kraft.

„Und?", fragte seine Kollegin.

„Alles da. Ich hab's fotografiert." Er blickte auf sein Handy. „Dammkrone 300 Meter, Mauerhöhe 28 Meter, maximale Ausdehnung des Sees 8 Kilometer. Und der Fluss ist hier unter der Brücke 18 Meter breit und 3 Meter tief."

„Gut. Dann sehen Sie mal hier." Sie zeigte ihm, was ihr in den Notizen aufgefallen war.

„Ja, was mag an diesem Pegel Besonderes sein? Bricht dann der Damm? Aber wie sollte Milton zu dieser Annahme gekommen sein?"

Stiller fiel die Überlegung ein, die ihm angesichts der Silbermine gekommen war. Wenn nun bei einem bestimmten Wasserpegel der See in die Silberstollen durchbrach? Und Milton hatte das gewusst? Und jemand hatte Interesse daran, dass das nicht bekannt wurde? Wahrscheinlich ging jetzt seine paranoide Phantasie mit ihm durch, aber womöglich warf dies auch ein völlig neues Licht auf den Fall. Er beschloss, auch auf die Gefahr hin sich lächerlich zu machen, diese Gedanken seiner Kollegin mitzuteilen. Im Kartenlesen war sie besser als er gedacht hatte, und von Mathematik schien sie auch etwas zu verstehen. „Hören Sie mal, Diana, mir geht da folgendes durch den Kopf..."

Sie versuchten im Anschluss noch, den Waldweg auf der anderen Seite des Berges hochzufahren, aber dessen Zustand erstickte ihren Versuch im Ansatz. Egal, die Reifenspuren hatten sie als Foto. Auf Drängen seiner Kollegin fuhr Stiller dann einmal um den Stausee herum zum Unterlauf des Flusses. Unter dem Turbinenhaus ergoss sich das Wasser in ein Becken und strömte dann ab. Sie hatte ihn darauf aufmerksam gemacht, dass man ja auch das abströmende Wasser in die Rechnung einbeziehen musste, nicht nur den Zustrom.

Das Tosbecken war sechs Meter breit und zwei Meter tief. Da das Treibgut aus dem Fluss oben von einem Rechen abgefangen wurde, gab es hier nichts, um die Strömungsgeschwindigkeit zu beurteilen. Hunter behalf sich kurzerhand mit einem hineingeworfenen Aststück. „Zweieinhalb Meter pro Sekunde", brüllte sie gegen den Lärm des Wassers. „Jetzt haben wir alles für die Berechnung."

„Na dann rechnen Sie mal. Mathe war nie meine Stärke."

Kapitel 2

Als sie in ihre Zimmer zurückkehrten, war es später Nachmittag. Es gab nur ein Badezimmer für die ganze Etage, aber um diese Uhrzeit verspürten wohl keine anderen Gäste das Verlangen zu duschen. Ganz Kavalier, überließ Stiller seiner Kollegin den Vortritt. Als sie schließlich frisch geduscht und trocken gekleidet wieder zum Vorschein kam, drückte er ihr sein Smartphone in die Hand und erteilte ihr den Auftrag, sich aus dem Internet alle verfügbaren Daten über die Silbermine zu besorgen. Dann verschwand er selbst im Bad.

Als auch er wieder erschien, war sie noch kein Stück weiter. „Ich kriege mit diesem Ding kein Netz. Das war ja gestern schon an der Grenze, und jetzt ist wohl ein Umsetzer ausgefallen."

Stiller seufzte. „Drüben beim Drugstore gibt es ein Internet-Café."

„Noch mal raus in den Regen?"

„Er hat etwas nachgelassen. Vielleicht löst sich damit auch das Problem des steigenden Wasserpegels."

„Kaum. Es wird Tage dauern, bis aus den Bergen alles abgeflossen ist. Aber was soll's? Gehen wir also."

52

Beim Betreten des Ladens deutete Hunter auf das Firmenschild an der Tür: Inhaber Maverick Dozer. „Dem scheint die halbe Stadt zu gehören. Restaurant Dozer, Hotel Dozer..."

„Nicht zu vergessen die Spielhalle nebenan." In der Mitte des Drugstore stand ein Tresen mit einem unüberschaubaren Angebot an Haushaltsgegenständen, Süßigkeiten und Reiseandenken. Nach rechts ging es zu den Computerterminals, nach links in den Spielsalon.

„Richtig. Und da ist unser Freund, der Sheriff. Er verdaddelt gerade sein Gehalt." Tatsächlich stand der Gesetzeshüter des Ortes an einem der Spielautomaten. Um sein Gehalt musste man sich allerdings wohl keine Sorgen machen, ein größerer Betrag in Münzen klapperte gerade in das Ausgabefach.

Sheriff Boxhorn, ein massiger Typ, der so aussah, als ob er sich jedem ihm nicht genehmen Menschen oder Vorgang erfolgreich in den Weg stellen konnte, sah zu ihnen herüber. „Ach, die Herrschaften von der Bundespolizei. Wollten Sie nicht abreisen?"

Stiller übernahm das Reden. „Wollten wir eigentlich. Aber da nun gerade der Regen nachgelassen hat, haben wir beschlossen, noch ein paar Urlaubstage in Ihrem wundervollen Städtchen anzuhängen. Gibt es nicht vielleicht eine Broschüre mit Ihren Sehenswürdigkeiten? Ich hörte zum Beispiel, Sie haben hier eine alte Silbermine."

Boxhorn kniff die Augen zusammen. „Vergessen Sie die Mine. Die ist noch aus den Fünfzigern. Die wurde schon geschlossen, da war ich nicht einmal geboren. Das Betreten ist streng verboten, wegen der Einsturzgefahr."

„Schade." Stiller tat ehrlich enttäuscht. „Na schön, wenn Sie nichts dagegen haben, sehen wir uns mal im Internet nach ein paar Highlights von Beaver Creek um."

Dem Sheriff war anzusehen, dass er durchaus etwas dagegen hatte. Aber er wandte sich wieder dem Spielautomaten zu. Oben auf der Frontplatte blinkte der Name ‚Super Fruit'. Boxhorn warf eine Münze ein, die Glücksräder begannen zu rotieren. Stiller und Hunter gingen zum Tresen und bezahlten bei einem schnurrbärtigen Menschen, der wie ein Mexikaner aussah, die Gebühr für die Internetnutzung. Hinter ihnen klapperten Münzen. Der Sheriff hatte schon wieder gewonnen.

Diana Hunter setzte sich an das Terminal, rief eine Suchmaschine auf und gab ‚Beaver Creek' als Schlüsselwort ein. Sergeant Detective Stiller sah ihr eine Weile zu, dann erhob er sich und ging ein paar Schritte zurück in Richtung des Tresens. Als er zurückkehrte, war auf dem Bildschirm eine Luftaufnahme des Staudamms zu sehen, dazu eine Tabelle mit Informationen, die ebenso aussah wie die, die sie oben an der Brücke gesehen hatten. „Wollten Sie nicht wegen der Mine...?"

„Über die Mine konnte ich wenig herausfinden. Die ist zu alt, darüber gibt es kaum Daten im Internet. Das einzige was ich fand, war ein Foto des Stollenmunds, wie er vor zwanzig Jahren ausgesehen hat. Aber ist Ihnen das hier aufgefallen?" Sie deutete auf eine Stelle der Tabelle. „Projektleitung und Ausführung: Ingenieurbüro Maverick Dozer."

„Der scheint überall seine Finger drin zu haben." stellte Stiller fest. „Übrigens hat der Sheriff jetzt siebenmal in achtzehn Spielen gewonnen. Ich bin geneigt zu behaupten, er mogelt."

„Man kann bei diesen Automaten nicht mogeln."

„Aber der Automat kann mogeln. Wenn er entsprechend programmiert ist. Sie verstehen doch was von Mathematik. Kann man das nicht statistisch nachweisen?"

„Und was haben wir davon?"

54

Stiller senkte die Stimme. „In mir reift gerade eine Verschwörungstheorie."

„Nur zu, Walter, erzählen Sie. Ich liebe Verschwörungstheorien. Wie zum Beispiel die, dass der Präsident von den Venusianern bezahlt wird, damit er das Raumfahrtprogramm auf den Mars konzentriert, um die Venus unbehelligt zu lassen."

„Ob der Präsident von den Venusianern bezahlt wird, weiß ich nicht. Aber die Spielgewinne wären eine unauffällige Methode, den Sheriff mit Schmiergeld zu bezahlen. Damit er uns von dem Fall Milton fern hält."

„Sie meinen, Maverick Dozer bezahlt ihn?"

„Wer sonst? Irgendetwas ist mit dem Stausee nicht in Ordnung. Milton hat es herausgefunden. Also musste er verschwinden. Dozer hat Geld und Einfluss in der Gemeinde. Er hatte nicht damit gerechnet, dass Boxhorn die Bundespolizei hinzuzieht. Aber jetzt schmiert er ihn dafür, dass es keine weiteren Ermittlungen gibt. Klingt das abwegig?"

„Wenn Sie es so sagen, eigentlich nicht. Haben Sie das Notizbuch bei sich?"

„Ja, warum?"

„Der Sheriff wollte es doch Miltons Mutter geben. Ich werde ihm sagen, wir bringen es selber hin."

„Damit geben wir unser einziges Beweisstück aus der Hand."

„Drüben im Store gibt es einen Fotokopierer. Ich werde es vorher einmal drüberjagen. Und bei der Mutter erfahren wir vielleicht noch etwas."

Sie blickten hinüber zum Spielsalon, aber der Sheriff war verschwunden. Er hatte wohl für heute genug abgeräumt. Der Sergeant Detective hatte sich nie sonderlich für Glücksspiele

55

interessiert, aber seine Kollegin grinste und deutete nach drüben. „Wollen wir auch mal unser Glück versuchen?"

„Haben wir sonst nichts zu tun?"

„Sie wollten doch eine statistische Analyse. Kommen Sie."

Dann standen sie vor dem ‚Super Fruit'-Automaten. Er hatte tatsächlich mit Früchten zu tun; der Automat besaß drei Räder mit je acht Symbolen: Kirsche, Zitrone, Apfel und so fort. Dem Gewinnplan war zu entnehmen, dass es einen Gewinn gab, wenn alle drei Räder auf der gleichen Frucht stehen blieben, allerdings hing die Höhe des Gewinns von der Art der Frucht ab, die Kirsche ergab den höchsten Betrag. „Sie haben nicht zufällig gesehen, mit welcher Frucht der Sheriff gewonnen hat?"

„Leider nicht."

„Gut, dann wissen wir also nur, dass er in sieben von achtzehn Spielen eine der Gewinnstellungen erzielt hat", stellte Hunter fest. „Wie groß mag die Wahrscheinlichkeit für einen Gewinn sein?"

„Na ja, jedes Rad bleibt mit einer Chance von einem Achtel auf einem bestimmten Symbol stehen. Damit es dreimal das gleiche ist, müssen alle drei darauf stehen bleiben, das wäre ein Achtel mal ein Achtel mal ein Achtel. Also ein … hm. Acht mal acht mal acht ist…"

„Falsch. Das erste Rad kann ja stehen bleiben, wo es will. Nur die beiden anderen müssen dann auch dieses Symbol zeigen. Also nur ein Achtel mal ein Achtel. Probieren wir's doch mal."

Diana Hunter kramte eine Münze aus der Handtasche. Die Handtasche sah nur wenig mitgenommen aus, weil sie vorhin bei der Schlammschlacht im Auto geblieben war. Die Münze fiel klappernd, die Räder rotierten. Das erste stoppte auf Orange. Das zweite auf Zitrone. „Schon verloren", sagte Stiller. Hunter drückte auf eine aufleuchtende Taste; es stellte sich heraus, dass man das zweite Rad damit noch einmal starten konnte, wenn einem das

Ergebnis nicht gefiel. Das Gleiche galt für das dritte Rad. Sie verlor ihr Geld trotzdem.

„Das ändert die Chancen", stellte Hunter fest, „wenn man die Räder noch einmal starten kann."

„Ja, sie verdoppeln sich."

„Nicht ganz. Sonst müsste die Chance auf hundert Prozent steigen, wenn ich das Rad achtmal starten könnte. Aber es kann ja alle acht Male auf einem falschen Obst stehen bleiben. Da rechnet man am besten ... darf ich mal Ihr Handy...?"

„Sie haben kein Netz", erinnerte sie Stiller.

„Ich brauche nur die Taschenrechner-App." Sie tippte einige kompliziert aussehende Berechnungen ein. „Wir stellen mal die Hypothese auf, dass der Automat nicht mogelt. Dann legen wir ein Kriterium fest, ab wie viel gewonnenen Spielen wir die Hypothese ablehnen wollen bei einem Signifikanzniveau von, sagen wir, fünf Prozent. Der Rest ist Binomialverteilung." Sie rechnete konzentriert eine Weile vor sich hin. „Na also. Weit außerhalb des Akzeptanzbereiches. Der Automat ist manipuliert."

„Wenn Sie's sagen", knurrte Stiller.

„Nun gucken Sie nicht so grimmig. Es war Ihre Idee gewesen, dem Sheriff statistisch auf die Schliche zu kommen. Oder?"

„Ja, Mama."

„Apropos Mama. Sind Sie erfahren im Umgang mit trauernden Müttern?"

„Eher weniger."

„Dachte ich mir. Geben Sie mir dieses Notizbuch, ich kopiere es und dann gehe ich zu Mrs. Milton. Von Frau zu Frau ist das sowieso besser. Sie können ja ins Hotel gehen und inzwischen ausrechnen, wann der See überläuft. Aber denken Sie daran, dass die Ausströmgeschwindigkeit im Tosbecken proportional zur

57

Wurzel aus dem Wasserpegel auf der anderen Seite der Staumauer ist.“

„Äh...?“

„Einhalb m mal v Quadrat ist gleich m mal g mal h. Also v gleich Wurzel aus 2 mal g mal h. Lernt man in Physik.“

„In der Polizeischule?“

„Auf dem College.“

„Dann war ich wohl auf dem falschen.“

„Wo waren Sie denn?“

„EBS.“

„Ach so.“

Kapitel 3

Sie trafen sich zum Essen im Restaurant Dozer. Schon, weil es in dem Kaff kein anderes gab. Diana Hunter schüttelte einen Regenschirm aus und klappte ihn zusammen. Dann setzte sie sich zu Stiller an den Tisch.

„Woher haben Sie denn den Regenschirm?“

„Mrs. Milton war so freundlich, ihn mir zu leihen.“

Walter Stiller nickte. „Demnach konnten Sie mit ihr warm werden?“

„Besser als mit dem Sheriff. Wie es scheint, mag sie ihn auch nicht. Sie hat mir wortreich geschildert, was für ein guter Junge Kelvin war. Und dass sie ihn immer davor gewarnt hat, in der alten Mine herumzukriechen. Sheriff Boxhorn hat ihr offenbar erzählt, dass er dabei verunglückt ist.“

„Haben Sie ihr die Wahrheit gesagt?“

58

„Die Wahrheit? Kennen wir sie denn? Das Notizbuch hat sie jedenfalls als Andenken an ihren Sohn behalten. Aber eine ziemlich umfangreiche Dokumentation über die Mine hat sie mir überlassen. Hier." Hunter zog eine Mappe aus einer Plastiktüte. „Offenbar hat ihr Sohn wirklich eine Menge Zeit damit verbracht, die Silbermine zu erforschen."

„Was darf ich Ihnen bringen?" Die Bedienung hatte knallrot bemalte Fingernägel, eine rosa Schleife im platinblonden Haar und vorstehende Nagezähne.

Miss Beaver Creek, dachte Stiller und warf einen flüchtigen Blick auf die Speisekarte. „Einmal das Chili und eine Cola."

„Für mich das gleiche", sagte Hunter.

„Gourmet sind Sie nicht", stellte der Sergeant Detective fest.

„Nicht in diesem Laden. Haben Sie gesehen? Die servieren ihr Zeug in Pappbechern und auf Papptellern. Ich glaube, da ist es egal, was ich bestelle."

Stiller griff nach der Mappe und schlug sie auf. „Donnerwetter!" Da lagen säuberlich abgeheftet Zeichnungen und Blaupausen des gesamten Grubengebäudes. „Wo hat er das her?"

„Mrs. Milton sagt, er hat einen alten Ingenieur kennen gelernt, der für die Mine verantwortlich war. Inzwischen ist der längst gestorben, aber er war glücklich, dass sich jemand für die Grube interessierte und hat ihrem Sohn daher die Unterlagen vermacht."

„Und das hat sie Ihnen einfach so gegeben?"

„Sie sagte, sie weiß nicht, was sie noch damit soll."

Das Essen wurde gebracht. Auf Papptellern. Das Chili hatte eine ähnliche Konsistenz wie der Matsch, durch den Stiller am Vormittag oben im Kiefernwald gerutscht war. Während er darin herumstocherte, wurde ihm klar, dass diese Mine eine

59

entscheidende Rolle in ihrem Fall zu spielen begann. „Sagen Sie mal, Diana – haben Sie auch Gummistiefel in Ihrem Gepäck?"

„Warum?"

„Weil Sie sie morgen brauchen werden. Wenn Sie nicht mit den Pumps in den Stollen herumkriechen wollen."

Hunter sah von ihrem Essen auf. „Ich hab's geahnt."

*

Um nicht den Sheriff aufmerksam zu machen, verzichteten sie darauf, Lampen und Bauhelme im örtlichen Store zu kaufen. Statt dessen fuhren sie dafür ins zwanzig Meilen entfernte Nachbardorf. Ihre Expedition begannen sie daher erst am späten Vormittag, obwohl sie ahnten, dass sie unter Zeitdruck standen. Diana Hunter hatte am Abend noch die Berechnungen über den Wasserpegel im Stausee beendet. Wenn die von Milton markierte Linie tatsächlich eine Gefahrengrenze darstellte, hatten sie nur noch rund drei Tage Zeit.

Den Eingang zur Mine hatten sie ja am Vortag mehr oder weniger unfreiwillig gefunden, als Hunter sich zusammen mit dem Warnschild in den Matsch gelegt hatte; deswegen mussten sie nicht lange suchen. Der Zugang war mit einem verrosteten Schloss gesichert, das Stiller innerhalb von drei Minuten mit seinem Taschenmesser öffnete. Sie setzten die Helme auf und schalteten ihre Lampen ein. Ein breiter Stollen führte schräg nach unten und endete nach fünfzig Metern an einer Drehscheibe für die Transportloren, von denen hier ein paar noch vor sich hin rosteten. Die Schienen führten von hier in drei verschiedene Richtungen. Stiller schlug die Pläne auf und beleuchtete sie mit seiner Lampe. „Das Problem ist, als diese Pläne gezeichnet wurden, existierte der Stausee noch nicht."

„Mit anderen Worten, welcher dieser Gänge ist also der kritische, der vom Wassereinbruch bedroht ist?"

60

Stiller zog seine Straßenkarte zu Rate. „Mein Handy hat doch eine Navigations-App." Er tippte sie an, aber die Anzeige meldete eine Fehlfunktion.

„Klar", sagte Hunter. „Die App wertet das GPS-Signal aus, hier unten nützt sie uns gar nichts. Da hilft nur Handarbeit. Aktivieren Sie mal den Kompass, der müsste eigentlich funktionieren, zumal das Silbererz nicht magnetisch ist. Und dann lassen Sie uns mal die drei Stollen auf die Landkarte übertragen." Sie zog einen Bleistift aus der Tasche, benutzte Stillers Smartphone als Lineal und übertrug die Richtungen der Stollen in die Karte. „Tja. Alle drei kreuzen den See. Aber die Karte ist nur zweidimensional. Wir müssten auch noch die Tiefe wissen. Oder die Teufe, wie man ja im Bergbau sagt."

Sie zeichnete eine weitere Linie ein, von der Staumauer bis zum Zufluss. „Der See fällt, soweit ich dem Plan im Internet entnommen habe, in diesem Bereich linear ab. Man sieht es auch an den Höhenlinien. Nehmen wir mal den tiefsten Punkt der Staumauer als Nullpunkt. Dann liegt der Zulauf 28 Meter höher..." Sie zeichnete Koordinatenachsen nach Osten und Norden.

Wie es schien, hatte sie in weiser Voraussicht einige leere Blätter Notizpapier in die Mappe mit den Minen-Unterlagen gelegt, jetzt begann sie Zahlen darauf zu notieren. „Nennen wir die drei Stollen mal A, B und C... – gestatten Sie?" Sie schaltete das Handy wieder ein und aktivierte den Taschenrechner.

„Nach meiner Rechnung ist das der Stollen, an dem der See am ehesten durchbrechen kann", stellte sie schließlich fest und zeigte in eines der Löcher. Es war so dunkel wie die beiden anderen. „Kommen Sie?"

„Da hinein? Gestern waren Sie nicht so risikofreudig."

„Gestern hatte ich meine Sonntag-Nachmittag-an-der-Ecke-rumsteh-Klamotten an."

61

„Und wenn der See gerade jetzt durchbricht?"

„Dann hat der bedauernswerte Milton sich verrechnet."

Mit gemischten Gefühlen folgte Stiller seiner Kollegin. Er hatte ihr gestern unterstellt, sie sei furchtsam. Wie es schien, hatte er sich getäuscht. Sie kamen langsam voran, die alten Gleise der Grubenbahn führten teilweise durch Pfützen von nicht abschätzbarer Tiefe. An den ganz schlimmen Stellen lagen Bretter darüber, die relativ neu aussahen; vielleicht hatte Milton sie bei der Erforschung der Mine installiert. Dann merkten sie, wie sich der Nachhall in dem Stollen spürbar änderte, und plötzlich standen sie vor einer Wasserfläche, die keine Pfütze sein konnte. Der Stollen versank einfach im weiteren Verlauf unter Wasser. Stiller erschrak für einen kurzen Moment und glaubte seine Befürchtung bestätigt. Aber das Wasser bewegte sich nicht erkennbar. Oder jedenfalls kaum.

Detective Hunter schlug den Minenplan auf, leuchtete hinein und blätterte. „Wir haben uns geirrt", konstatierte sie. „Der See *ist* bereits durchgebrochen. Dies ist das Niveau des momentanen Wasserstandes im Stausee."

„Aber nach dem Plan führt der Stollen ins Tal und dort ins Freie. Müsste das Wasser nicht ablaufen und dort austreten?"

„Der Gang muss verschüttet sein, oder..." Sie legte den Kopf schräg und sah Stiller an. „Ich habe eine interessante Ergänzung für Ihre Verschwörungstheorie. Wissen Sie, was ich glaube? Dieser notorische Dozer hat *gewusst*, dass es früher oder später einen Wassereinbruch in diesem Stollen geben würde. Er hat von vorne herein dafür gesorgt, dass der Gang verschlossen wurde, damit sein Stausee ihm nicht ausläuft."

„Und was bedeutet dann Miltons kritische Linie in der Zeichnung?"

62

„Die war bei diesem Niveau..." Hunter deutete in die Blaupause und griff nach dem Bleistift. „Und auf diesem Niveau ... findet man ... diesen Quergang. Er verbindet diesen Stollen mit unserem Stollen A. Und der kommt im Tal unmittelbar über der Stadt ins Freie! Wissen Sie, was das bedeutet?"

„Ich ahne Schlimmes!"

„Richtig. Wenn der Pegel den Quergang erreicht, läuft das Wasser über Stollen A ab. Und der Stollenmund liegt tiefer als der See. Wenn es also erst einmal läuft, wird es durch die Siphon-Wirkung den ganzen See hinter sich her ziehen und die Stadt überfluten!"

„Das wäre eine Katastrophe. Kann man nichts dagegen tun?"

„Die Physik lässt sich nicht aufhalten, wenn der Pegel weiter ansteigt. Wir müssen uns wohl oder übel an den Sheriff wenden. Die Stadt muss evakuiert werden."

„Na los! Worauf warten wir dann?" Sie machten sich auf den Rückweg.

Kapitel 4

Sie fanden Sheriff Boxhorn in seinem Büro. Nein, er schnitzte nicht, wie seine Vorbilder aus unzähligen Western, einen Holzscheit in Späne; er löste ein Kreuzworträtsel. Unwillig sah er auf. „Sie sind ja immer noch hier. Und, haben Sie die Stadt touristisch erkundet?"

„Sheriff, dies ist nicht der Augenblick für dumme Sprüche." Stiller erläuterte dem Gesetzeshüter den Ernst der Lage, wobei er aus taktischen Gründen darauf verzichtete, die Rolle Miltons in dieser Sache herauszustellen.

„Sie haben sich also gegen meine ausdrückliche Anordnung in der Mine herumgetrieben", erkannte Boxhorn. „Das kostet erst einmal fünfzig Dollar Strafe, ersatzweise zwei Tage Arrest."

63

„Sie werden es nicht wagen, Angehörige der Bundespolizei einzulochen!", fauchte Hunter ihn an.

„Sie sind", grinste Boxhorn genüsslich, „nach eigenem Bekunden nicht mehr in Ihrer Eigenschaft als Polizisten hier, sondern ganz privat als Touristen. Also?"

Wortlos legte Stiller eine Fünfzigdollarnote auf den Tisch.

Hunter schlug mit der Hand auf die Tischplatte. „Wollen Sie sich dann um die Evakuierung kümmern?"

„Langsam, langsam. Vermutlich besteht gar keine Gefahr. Dozer hat mir mal erklärt, dass der Wasserstand sich von selbst einregelt, weil mit zunehmendem Pegel immer mehr Wasser unten ausströmt."

„Das stimmt zwar, aber ich habe ausgerechnet, dass der theoretische Wert, bei dem der Pegel nicht mehr steigt, weit über der Mauerkrone liegt."

„Das müssen Sie nicht mit mir diskutieren. Wenden Sie sich an den Bürgermeister. Der auch, wenn überhaupt, über eine Evakuierung entscheiden müsste."

„Und den wir wo finden?"

„Wenn Sie Glück haben, im Büro in seinem Haus. Die Main Street runter, auf der linken Seite. Nicht zu verfehlen. Ingenieurbüro Maverick Dozer steht dran."

„Der?" Hunter schluckte trocken.

Stiller bedeutete ihr mit ungeduldiger Geste, sich nicht länger aufzuhalten.

*

Das Haus des Allgegenwärtigen war ein weiß getünchter Prachtbau, an dessen Tür auf ihr Klopfen hin ein Hausmädchen

64

mit weißer Haube und Schürze erschien. „Guten Tag. Wir möchten Mister Dozer sprechen."

„Haben Sie einen Termin?"

„Nein. Aber es ist dringend."

„Mister Dozer ist nicht im Hause."

„Polizei! Sehen Sie nach, ob er nicht vielleicht doch im Hause ist!" Stiller klappte seinen Dienstausweis auf und hielt ihn der Bediensteten unter die Nase, inständig hoffend, dass Boxhorn sie nicht schon avisiert und durchgegeben hatte, dass sie im Moment gar keine polizeilichen Befugnisse besaßen.

„Warten Sie." Das Mädchen warf die Tür zu und verschwand im Haus.

Stiller und Hunter sahen sich an. Ohne Haftbefehl oder wenigstens einen Durchsuchungsbefehl konnten sie das Haus nicht eigenmächtig betreten. Also warteten sie. Gerade lag dem Sergeant Detective die Frage auf der Zunge, ob es wohl einen Hinterausgang gäbe, da ging die Tür wieder auf. „Mister Dozer erwartet Sie in seinem Büro. Wenn Sie mir folgen möchten?"

Das Mädchen geleitete sie durch eine gewaltige Halle, dann eine Treppe hinauf. „Bitte, hier."

Stiller klopfte an die Tür, die ihnen gezeigt worden war, aber es erfolgte keine Reaktion. Irritiert runzelte er die Stirn, dann drückte er die Klinke hinunter. Sie traten ein. Das Büro war leer, aber ein Windzug blies ihnen entgegen, die Gardine blähte sich vor dem geöffneten Fenster, und ein Blatt Papier flatterte über den Fußboden.

Stiller war mit wenigen Schritten am Fenster und sah nach unten auf eine Feuerleiter. „Er ist abgehauen!", stellte er fest und wirbelte herum. Hunter hatte inzwischen das Papier eingefangen und hielt es ihm entgegen. „Was ist das?", fuhr er sie ungeduldig an.

„Sieht aus wie ein Teil einer Statikberechnung. Blatt 5 von 18. Das Datum passt zur Errichtung des Staudamms." Misstrauisch geworden, sah sie sich im Raum um und entdeckte eine Lücke in einem Aktenregal, in dem schätzungsweise zwei Ordner fehlten. „Ich denke, er hat die Unterlagen über den Staudamm mitgenommen und dabei dieses Blatt verloren."

„Nehmen Sie es mit und diskutieren Sie nicht. Wir müssen ihn einholen."

Sie rannten die Treppe hinunter und stießen unten auf das Dienstmädchen. „Was für einen Wagen fährt Mister Dozer?", herrschte Stiller die Erschrockene an.

„Äh, einen Ford Pickup oder eine Chrysler-Limousine. Wieso? War...?"

Er schob sie beiseite, dann stürzten sie aus der Haustür. Neben dem Haus war eine recht geräumige Garage angebaut. Als sie kamen, war deren Tor geschlossen gewesen; jetzt stand es offen. Der Chrysler war noch da, der Ford nicht. Sie sprangen in ihren eigenen Wagen, Stiller startete den Motor.

„In welche Richtung mag er gefahren sein?", überlegte Hunter.

„Wenn er türmen wollte, kann er nur in Richtung Highway gefahren sein." Er gab Gas und folgte der Straße. Wasser spritzte aus Pfützen auf, und in der ersten Kurve geriet er ins Schleudern und konnte den Wagen nur mit Mühe stabilisieren. „Er hat vielleicht drei Minuten Vorsprung. Bis zum Highway kriegen wir ihn."

„Wenn uns vorher keine Radarkontrolle erwischt."

Die Verfolgung, zum Glück ohne Radarfalle, endete nichtsdestoweniger zwanzig Minuten später an der Einfahrt zur Schnellstraße. „Verdammt! Ist er jetzt nach Osten oder Westen eingebogen?"

66

„Weder noch." Hunter schüttelte den Kopf. „Der Pickup schafft 80 Meilen in der Stunde. Wir sind im Schnitt mit 100 gefahren. Wir hätten ihn längst einholen müssen. Er ist nicht zum Highway gefahren."

„Mist!" Stiller wendete und raste die Strecke nach Beaver Creek zurück. „Die andere Richtung führt über den Berg nach Dalston. Und er hat jetzt eine Dreiviertelstunde Vorsprung. Das hat keinen Zweck mehr."

„Und jetzt?"

„Wir reden noch mal mit dem Sheriff. Er muss endlich einsehen, dass es ernst ist. Eine Straßensperre in Dalston könnte Dozer noch aufhalten. Aber die kann ich nicht anordnen, das kann nur Boxhorn."

*

Sie hatten Beaver Creek fast wieder erreicht, als Hunter einen Hang empor deutete. „Stopp. Sehen Sie mal da!"

Einige hundert Meter weiter den Feldweg hoch stand ein Ford Pickup.

„Es gibt mehr als einen Ford in Beaver Creek", überlegte Stiller.

„Aber da oben mündet nach unseren Karten der dritte Silberstollen."

Stiller zeigte sich in dieser Sache etwas begriffsstutzig. „Der dritte?"

„Nicht der, der schon überflutet ist, und nicht der, der in Kürze überflutet wird. Sondern der dritte."

„Und was sollte Dozer da jetzt wollen?"

„Das weiß ich auch nicht. Sich vor uns verstecken?"

„Unsinn! Er könnte längst über alle Berge sein."

67

Stiller zog sein Handy aus der Tasche. „Ich habe wieder ein Netz. Ich rufe jetzt den Sheriff an." Er schaltete den Lautsprecher ein, damit Hunter mithören konnte.

„Und was wollen Sie ihm sagen?"

Die Frage erübrigte sich. Kaum hatte Stiller sich zu erkennen gegeben, da brach ein Redeschwall des Sheriffs über ihn herein. „Gut, dass Sie sich melden. Ich hatte eben einen Anruf von der Zeitung aus Dalston. Irgendein Idiot hat sich dort gemeldet und gedroht, er werde die Staumauer in die Luft sprengen. Die fragten, ob ich was davon wisse. Wissen *Sie* was davon?"

„Dozer!", riefen Stiller und Hunter wie aus einem Mund. „Klar", fuhr Stiller fort. „Er hat die Akten mitgenommen. Er will Spuren beseitigen. Sein ganzer Stausee über der Silbermine ist eine Fehlkonstruktion. Wenn das rauskommt, ist er erledigt. Deshalb musste Milton sterben. Und jetzt will er den Damm sprengen und es einem verrückten Terroristen in die Schuhe schieben, um seinen Kopf aus der Schlinge zu ziehen."

„Evakuieren!", stieß Hunter hervor.

„Das ist nicht mehr zu schaffen. Die Leute kommen in Panik, und die Ausfallstraße ist im Nu verstopft."

„Stiller? Was ist?" Der Sergeant Detective stellte fest, dass die Stimme des Sheriffs zum ersten Male tatsächlich beunruhigt klang.

„Wie viele Leute wohnen in Beaver Creek?"

„So etwa dreieinhalb Tausend."

„Sie haben dreieinhalb Tausend Leute auf dem Gewissen, wenn Sie jetzt nicht sofort tun was ich sage."

„Aber was?"

„Nehmen Sie ein paar Männer und suchen Sie an der Staumauer nach einer Bombe. Wir sind in drei Minuten bei Ihnen."

68

Sie waren gleichzeitig mit dem Sheriff beim Turbinenhaus am Fuße der Mauer. „Wo würden Sie eine Bombe anbringen?", brüllte Stiller über den Lärm des Wassers im Tosbecken hinweg.

„Oben auf dem Damm oder im Turbinenhaus!", schrie Boxhorn zurück.

„Ihre Leute sollen sich den Damm vornehmen. Sie gehen mit uns rein!" Sie stürmten in das Maschinenhaus. Der diensthabende Techniker öffnete ihnen, als er den Sheriff erkannte.

„War Mister Dozer heute hier?", herrschte Boxhorn ihn an.

Der Maschinenwart zeigt sich verwirrt. „Ja. Vor etwa einer halben Stunde."

„Wo war er überall?"

„Nur da unten, in der Maschinenhalle."

Stiller winkte dem Sheriff, und sie stürmten die Metallstufen zum unteren Bereich hinunter. Der Techniker folgte ihnen irritiert. „Sehen Sie sich um. Ist hier irgendetwas, das hier nicht hingehört?"

Aber es hätte des Mannes gar nicht bedurft. Das Sprengstoffpaket war hinter eine Rohrleitung geklemmt und spätestens auf den zweiten Blick zu erkennen. „Großer Gott!", entfuhr es dem Techniker.

„Seien Sie vorsichtig!", riet Boxhorn, als Stiller nach dem Sprengsatz griff.

Es war eine der üblichen Sprengladungen, wie man sie im Tiefbau für Erdbewegungen benutzte. Allerdings wurde sie da normalerweise mit einer Zündmaschine ausgelöst. Entsprechend improvisiert wirkte der Zeitzünder, der auf einer elektronischen Eieruhr beruhte. Trotzdem konnte Dozer das nicht in drei Minuten gebastelt haben. Er hatte seinen spektakulären Abgang also schon längerfristig geplant gehabt. Vorsätzlich, schoss es Stiller durch den Kopf – vermutlich, nachdem Milton dem Ungeheuerlichen auf die Spur gekommen war. Der Sergeant Detective zögerte. „Hm. Muss man nun das rote oder das blaue Kabel durchschneiden?"

„Wir sind hier nicht im James-Bond-Film! Das ist ein Stromkreis, und da ist es egal, wo man ihn unterbricht." Detektive Hunter riss beide Kabel zugleich heraus. Alle hielten synchron die Luft an, aber es passierte nichts.

„Puh!"

„Geben Sie her!", verlangte Sheriff Boxhorn.

Hunter schüttelte den Kopf. „Das brauchen wir noch. Damit retten wir die Stadt."

„Wie das?"

„Wir hatten Ihnen schon erklärt, dass in weniger als zwei Tagen der Stausee in die Mine durchbricht und die Stadt überflutet. Es gibt einen Ausweg. Der dritte Stollen mündet unterhalb von Beaver Creek ins Freie. Das Tal ist dort weit und unbesiedelt. Wenn wir mit einer Sprengung erreichen, dass das Wasser den Weg in diesen Stollen findet, sinkt der Pegel im See um mehrere Meter und die Gefahr ist gebannt."

„Das ist absurd", begehrte der Sheriff auf. „Sie wissen doch gar nicht, wo Sie dazu den Sprengsatz anbringen müssen."

Hunter genehmigte sich ein Grinsen. „Doch. Das habe ich vorhin schon ausgerechnet."

Epilog

Sie drangen von der Bergseite her in den Stollen ein, über den Zugang im Wald. Anhand des Plans aus Miltons Besitz und mittels der schon angestellten Berechnungen Hunters fanden sie

70

den Punkt, an dem sie den Sprengsatz platzieren mussten, um das Deckgestein zwischen dem Stollen und dem See abzusprengen.

Stiller stellte den Zeitzünder neu ein und fummelte die beiden Kabel wieder an den Sprengsatz, während seine Kollegin ihm leuchtete.

„Und jetzt ab mit uns. Wir haben fünfzehn Minuten, und da das Wasser nach unten laufen wird, sind wir hier oben auf der sicheren Seite."

Die Scheinwerferkegel tanzten über feuchtes Gestein, während sie den Stollen hinauf hasteten. Ihr Atem ging keuchend, und ihre Schritte hallten von den Wänden des Gangs wider.

„Dozer!", rief Diana Hunter plötzlich. „Wir haben Dozer vergessen!"

„Den kriegen wir auch noch", japste Walter Stiller kurzatmig, während sie aus dem Stollenmund in die Waldlichtung stolperten. „Die Anklage steht jedenfalls fest."

Hunter schüttelte den Kopf und deutete nach hinten in den Stollen, aus dem sie gerade gekommen waren. „Er sitzt vermutlich immer noch am anderen Ende. Ich glaube, er wollte dort in Sicherheit die Sprengung des Damms abwarten. Das Wasser wird ihn..."

Stiller sah auf seine Uhr. „Zu spät." Der Boden bebte, und ein gedämpftes Grollen ertönte aus dem Eingang der Silbermine.

ৡ৶

Anmerkung: *Einige physikalische Details sind der dichterischen Freiheit zum Opfer gefallen. Zum Beispiel würde ein Überlauf des Wassers in den zweiten Stollen nicht zu einer Siphon-Wirkung führen, solange über den oberen Stollenmund eine Verbindung zum Außenluftdruck besteht.*

Eine Bombe im Turbinenhaus würde vermutlich nur das Haus selbst zerstören, aber nicht die Mauer, da die Druckwelle vom Haus nicht nennenswert aufgehalten würde.

Und ehe jemand fragt: Wie man aus einer Eieruhr einen Zeitzünder baut, weiß ich auch nicht. Aber MacGyver wüsste es bestimmt. Der Autor bittet die geneigte Leserschaft um Nachsicht.

Übrigens: Das College, das Stiller besucht hat, war die Enid Blyton School, abgekürzt EBS (ein kleiner Scherz für Insider).

Credits: Mein Dank gilt dem Comic-Zeichner Will Eisner, dessen SPIRIT-Geschichte „Das ist der Frühling" mich zu dieser Story inspirierte.

Aufgaben:

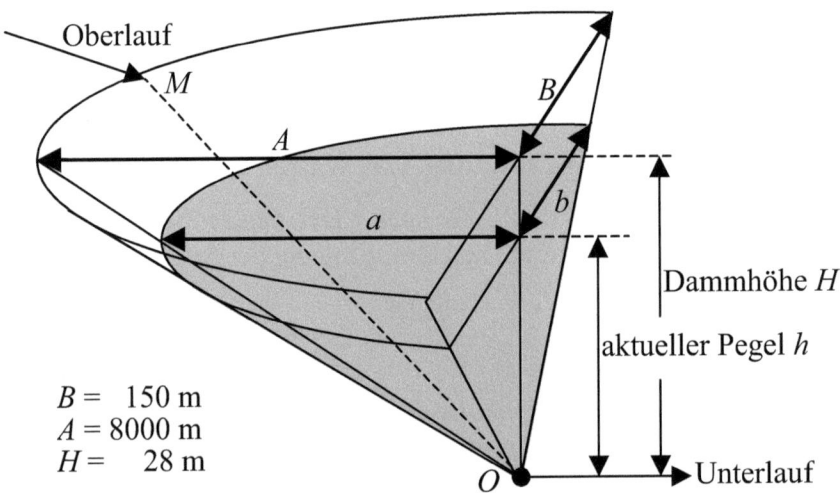

Der Stausee sei trichterförmig, Maße siehe Skizze. $2B = 300$ m ist die Dammkrone, $H = 28$ m die Dammhöhe.

72

Für Kegel gilt $V = {}^1/_3\, G\, H$. Die Fläche einer Ellipse mit den Halbachsen A und B ist πAB.

1. Berechnen Sie den Rauminhalt des Stausees, wenn er randvoll ist.

2. Stellen Sie bei teilweiser Füllung bis zur Höhe h einen Zusammenhang zwischen a und h bzw. b und h her (Tipp: Strahlensatz), geben Sie dann eine Formel für das Volumen in Abhängigkeit von h an.

3. Der Querschnitt des Oberlaufs sei parabelförmig mit den angegebenen Maßen:

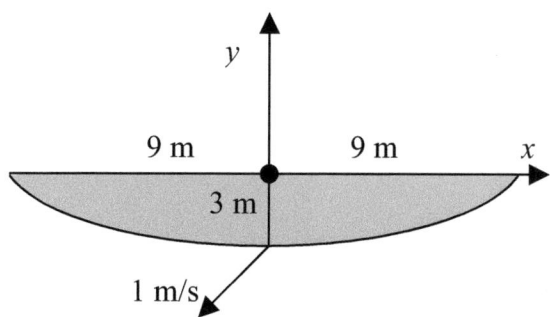

Stellen Sie eine Gleichung für die Parabel auf, berechnen Sie die Querschnittsfläche des Flusslaufs. Wie viel m³ Wasser strömen pro Sekunde durch, wenn die Strömungsgeschwindigkeit 1 m/s beträgt?

4. Der Querschnitt des Unterlaufs ist rechteckig mit 6 m Breite und 2 m Tiefe, die Strömungsgeschwindigkeit ist 2,5 m/s. Wie viel m³ Wasser strömen pro Sekunde ab?

Um wie viel m³ nimmt der Inhalt des Stausees also pro Sekunde zu? Benutzen Sie diesen Wert auch für die folgenden Berechnungen (obwohl er sich im Laufe der Zeit eigentlich ändert). Begründen Sie, warum Sie mit dieser Rechnung „auf der sicheren Seite" sind.

73

5. Zu Beginn der Ermittlung beträgt der Pegel 23 m. Wie hoch steht er einen Tag später?

6. Nach welcher Zeit erreicht der Pegel die kritische Marke von 24,6 m?

7. Bei drei gleichen Symbolen am Spielautomaten gibt es einen Gewinn. Jedes Rad hat acht Symbole. Mit welcher Wahrscheinlichkeit bleibt das zweite und dritte Rad des Automaten auf dem gleichen Symbol stehen wie das erste, d.h. wie hoch ist die Chance für einen Gewinn?

8. Man kann das 2. und 3. Rad noch einmal starten. Dadurch sinkt das Verlustrisiko. Wie groß ist jetzt die Wahrscheinlichkeit, dass alle drei Räder auf dem gleichen Symbol stehen bleiben, also die Chance für einen Gewinn?

9. Berechnen Sie den Erwartungswert für die Anzahl der Gewinne bei 18 Spielen.

10. Skizzieren Sie die Verteilung $p(k)$ für k Gewinne in 18 Spielen.

11. Die Hypothese H_0 „der Automat ist nicht manipuliert" soll mit einem einseitigen Test auf dem Signifikanzniveau 5% untersucht werden. Bis zu welcher Anzahl Gewinne in 18 Spielen ist H_0 zu akzeptieren?

12. Der Fuß der Staumauer O liegt bei den Koordinaten $O(0\ m|0\ m|0\ m)$. Der Oberlauf mündet bei den Koordinaten $M(6400\ m|-90\ m|28\ m)$ in den See. Stellen Sie eine Geradengleichung für die Gerade durch O und M auf.

13. Der Knotenpunkt, von dem die 3 Stollen abgehen, liegt bei den Koordinaten $D(6000\ m|-350\ m|30\ m)$. Die Stollen treten bei den Punkten $P(2000\ m|242\ m|2\ m)$, $Q(2400\ m|512\ m|0\ m)$ bzw. $R(5200\ m|198\ m|15\ m)$ auf der anderen Seite des Sees wieder ins Freie. Stellen Sie für jeden Stollen eine Geradengleichung auf.

74

14. Bestimmen Sie jeweils den Abstand in z-Richtung, in dem die 3 Stollen unter der oben berechneten Geraden hindurch verlaufen. In den Stollen, bei dem dieser Abstand am kleinsten ist, ist Wasser eingetreten. Welcher Stollen (DP, DQ oder DR) ist das?

15. Die Ausströmgeschwindigkeit v am Unterlauf ist proportional zur Wurzel aus dem Pegel h. Bei 23,4 m Pegel beträgt sie 2,5 m/s. Stellen Sie eine Gleichung für $v(h)$ auf.

16. Bei einem bestimmten Pegel würde der Wasserstand im See nicht mehr steigen, weil Abfluss und Zufluss gleich groß sind. Bei welchem Wasserstand wäre das der Fall (er läge oberhalb der Staumauer und ist daher in Wirklichkeit nicht erreichbar).

17. Nach welcher Zeit müsste man mit 100 mph (miles per hour) einen flüchtigen Wagen, der mit 80 mph fährt und 3 Minuten Vorsprung hat, einholen?

18. Der Stollen, in dem die Sprengladung installiert wird, ist der mit dem größten senkrechten Abstand zur Geraden aus 12. Geben Sie die Koordinaten des Punktes unterhalb der Linie OM an, an dem die Sprengladung angebracht werden müsste.

19. Wie lang ist die Strecke, die Hunter und Stiller nach dem Anbringen der Sprengladung zurücklegen müssen, um ins Freie zu gelangen?

75

Ein Teil einer Königin

Prolog

Geiles wetter. Hätte lust aufn eis 😊

Nö. Ich nicht. Zu kalt. 😖

Loser! Kannste mir wenigstens mathe erklärn? Diese partionelle dings?

Partielle Integration. Ist doch easy. Einfach die Produktregel rückwärts. 😊

Kuck ma die tusse da drüben

Wo?

Am überweg. Auwei ampeln kennt die wohl nich. Und der aufzug. Second hand oder heilsarmee 😣 😖

Lass sie doch. Was war nun mit Mathe?

Du die kommt hier rüber. Will die was von dir? Kennst du die etwa?

Nie gesehen. Ich...

76

Kapitel 1

Roland blickte von seinem Handy auf. Das Mädchen, das gerade eben bei Rot die Straße überquert hatte und um Haaresbreite einem Unfall entgangen war, steuerte tatsächlich auf ihn zu. In der Tat wirkte das Outfit etwas aus der Zeit gefallen. Ein langes Kleid aus einem glänzenden, aber irgendwie luftig wirkenden Stoff, ein glitzerndes Schultertuch, lange blonde Haare, flache silberne Ballerina-Schuhe. Eine Kette um den Hals, an der ein faustgroßes, funkelndes Ding hing. Das sie jetzt vor die Augen hob. Sie schien Roland durch die Kugel hindurch anzusehen. Dann ließ sie sie sinken.

„Bist du Roh-Land?" Ihre Aussprache hatte irgendwie einen Akzent, den er aber keiner ihm bekannten Sprache zuordnen konnte.

„Äh – Roland. Ja. Woher kennst du mich?"

„Ich habe dich hier drin gesehen."

„Da drin? Gesehen? Krass."

„Findest du das ungewöhnlich? Du guckst doch auch in deinen Zauberspiegel."

„Das? Das ist ein Smartphone."

„Smart von was?"

Er musterte sie zweifelnd. „Smartphone. Das kommt von Telefon. Fernsprechen. Ich habe mich gerade mit Jessi da drüben unterhalten."

„Unterhalten? Und warum gehst du dann nicht einfach zu ihr hin?" Dieses Mädchen konnte wirklich komische Fragen stellen. „Eigentlich hast du doch gar nicht gesprochen, sondern mit dem Finger da rumgedrückt."

„Natürlich. Ich habe geschrieben."

77

„Ohne Feder?"

„Du bist nicht von hier, richtig?"

Das merkwürdige Mädchen nickte. „Damit kommst du der Sache näher."

„Schön. Also, was willst du eigentlich?"

„Wenn du der bist, den ich suche, dann brauchen wir deine Hilfe."

„Und wer ist ‚wir'?"

„Das ist eine lange Geschichte. Und wir haben nicht viel Zeit."

„Eigentlich habe ich auch nicht viel Zeit. Wenn du..."

Jetzt hatte Jessi die Geduld verloren und war von der anderen Seite des Schulhofes herübergekommen. „Was ist das jetzt hier? Sprichst du nicht mehr mit mir? Was ist das für eine und was will sie?"

„Du könntest mich selbst fragen", schlug das Mädchen vor.

Jessi musterte sie mit Laserkanonen in den Augen. „Kann ich oder muss ich?" Ihre Eifersucht war deutlich herauszuhören.

„Hör mal, Jessi, ich sagte gerade zu ... wie heißt du überhaupt?"

„Noreia", sagte das Mädchen freundlich. „Je-Si, ich möchte dich bitten, mir Roh-Land für eine Weile auszuleihen. Er muss mir bei einer Aufgabe helfen."

„Erst mal muss er mir bei meinen Matheaufgaben helfen. Klar?"

„Ich fürchte, das hier ist wichtiger."

Jessi holte tief Luft und erhob die Stimme. „Sag mal, hast du noch alle Nadeln an der Tanne? Schneist hier rein, quatschst meinen Freund an und willst ihn abschleppen!"

„Ich schleppe ihn nicht ab, ich bitte ihn um Hilfe."

„Abgelehnt!", fauchte Jessi.

78

„Darf ich das bitte selbst entscheiden?", meldete sich Roland zaghaft zu Wort.

„Du kriegst es fertig und fällst auch noch auf diese Masche rein!"

Noreia wurde unvermittelt ernst. „Das tut mir wirklich Leid, aber ich glaube, ich muss die Sache jetzt abkürzen. Ist nicht böse gemeint, Je-Si."

Sie zog aus dem Ärmel ihres Kleides eine Art Holzstab und tippte mit dessen Ende auf Jessis Brust. Es sah aus, als ob ein paar Funken sprühten. Und dann war Jessi verschwunden.

Roland schnappte nach Luft. „Was ... was hast du mit Jessi gemacht?"

Noreia zeigte auf einen Hydranten, der an der Schulhofmauer stand. Roland meinte, er hätte vorhin noch nicht da gestanden. Dem Dackelhund, der eben sein Bein daran hob, kam er jedenfalls gerade recht. „Ich verwandle sie zurück, wenn das hier vorbei ist. Versprochen."

„Ein ... Zauberstab? Wie bei Harry Potter?"

„Wer ist He-Ri Potter?"

„Du musst wirklich von sehr weit her kommen."

Sie nickte. „Du hilfst uns also?"

„Habe ich eine Wahl? In was würdest du *mich* sonst verwandeln?"

*

Noreia ging auf die Frage nicht ein. „Hör dir meine Geschichte an. Aber ich muss mich kurz fassen, das Portal öffnet sich in weniger als einer Stunde." Roland verzichtete auf die Frage, um was für ein Portal es sich handelte und hoffte, dass er es gleich erfahren würde.

„Es geht um unsere Königin Onomaris. Vor hundert Jahren hat Mogon, der Fürst der Dunkelheit, unser Königreich überfallen und

79

Onomaris in seine Gewalt gebracht. Er hält sie in einem Verlies gefangen. Nach den vielen Jahren erschöpft sich ihre Lebenskraft, wenn sie nicht wieder die Sonne sieht."

„Wieso? Funktioniert eure Königin mit Solarstrom?", entfuhr es Roland. Hundert Jahre. Offenbar eine sehr langlebige Königin.

„Unterbrich mich nicht. In einer alten Prophezeiung ist die Rede von einem Helden Roh-Land, der zur rechten Zeit kommen wird, um Mogon zu besiegen und die Königin zu befreien. Alles spricht dafür, dass du dieser Roh-Land bist. Ich habe dein Bild in meiner Kristallkugel gesehen. Aber ich muss dich in die Dunkelwelt Mogons bringen. Und das Tor öffnet sich nur alle 18 Jahre." Sie lächelte schmerzlich. „Beim letzten Mal warst du gerade erst geboren. Und beim nächsten Mal ist es für die Königin vermutlich zu spät."

„Das klingt alles wie irgend so ein Fantasy-Spiel."

„Nur dass es kein Spiel ist. Komm, wir müssen uns beeilen." Sie griff seine Hand und zog ihn zu dem Fußgängerüberweg, über den sie vorhin gekommen war.

„Es ist Rot!"

„Und Rot ist Tod", gab Noreia zurück und zerrte ihn mit sich. Bremsen kreischten, Hupen erklangen. Dann waren sie auf der anderen Seite und liefen die Stufen zum Stadtpark hinunter. „Hier, steig auf!"

„Aufsteigen? Auf was?"

Vor ihnen flimmerte die Luft, dann schälte sich ein großer, bis dahin unsichtbarer Körper heraus. Es war ein gewaltiger, grünschuppiger Drache. Einer von denen, die vermutlich auch Feuer spucken konnten. Zu Rolands eigener Überraschung hielt sich sein Erschrecken in Grenzen. Tarnfelder kannte er aus Star Trek; darunter verbargen die Klingonen immer ihre Raumschiffe. „Darf ich dir Ardux vorstellen? Er bringt uns nach Südafrika."

80

Die Frage „Warum ausgerechnet nach Südafrika?", stellte Roland bereits auf dem Rücken des Ungeheuers. Noreia saß vor ihm auf dem schuppigen Panzer des Fabeltieres, und Roland hielt sich an ihr fest.

„Weil dort heute eine Sonnenfinsternis stattfindet." Roland erinnerte sich dunkel, davon irgendwo gelesen zu haben. Aber er und seine Eltern gehörten nicht zu denen, die eigens ans andere Ende der Welt jetteten, um eine Finsternis zu erleben; daher hatte er die Nachricht als unbedeutend abgehakt. Unter ihnen flog rasend schnell die Landschaft vorbei, sie waren schon über den Alpen. Hoffentlich stießen sie nicht mit einem Verkehrsflugzeug zusammen. ‚Linienmaschine Kairo-Frankfurt mit Lindwurm kollidiert. 360 Tote.' Nein, so eine Meldung würde niemals in der Zeitung stehen, und deswegen konnte das auch nicht passieren. Noreia machte auf ihn den Eindruck, als ob sie die Sache im Griff hatte. Sie war zweimal unfallfrei bei Rot über die belebte Straße gekommen. Roland begann ihr zu vertrauen.

„Und bei Sonnenfinsternis öffnet sich das ominöse Portal, ja?"

„Ich stelle fest, dass du allmählich begreifst."

„Aber wenn das so ist – wie bist du dann hierher gekommen?", meldete sich in Roland ein Zweifel.

„Das Portal ist für Sterbliche. Für mich gibt es andere Wege. Ich bin nicht von Fleisch und Blut."

„Was bist du dann? Ein Geist? Danach fühlst du dich aber nicht an." Immerhin hielt er sich an ihr fest. Konnte man sich an einem Geist festhalten? Er stellte fest, dass sie ihm als Mädchen lieber gewesen wäre denn als Geist.

Sie streckte einen Arm aus und wies nach vorn. „Wo die weißen Strahlen der Sonne sich mit den schwarzen Strahlen des Mondes vereinen, genau im Zentrum des Schattens, ist für wenige Augenblicke der Übergang in die Dunkelwelt möglich."

81

„Aber der Schatten wandert über die Erde. Ist da überall ein Portal?"

„Nur wenn der Mond exakt im Drachenpunkt steht. Wir sind gleich da."

Roland bemerkte, dass es kühler wurde. Er blickte zum Himmel und erkannte, dass sich der Mond bereits vor die Sonne zu schieben begann. Sie erreichten also die Finsterniszone.

Der Drache verlor an Höhe und überquerte einen Fluss. Unter ihnen breitete sich eine karge Landschaft aus, die mit Felsen übersät war und in der nur vereinzelt Bäume standen. Sie mussten mit mehrfacher Schallgeschwindigkeit geflogen sein, dabei hatte es sich nur wie eine rasante Fahrt auf dem Motorrad angefühlt. Aber was hieß das schon in einer Geschichte, in der man auf einem Drachen ritt und sich an einem Geist festhalten konnte? Drachenpunkt hatte sie gesagt. „Noreia, was ist der Drachenpunkt?"

„Der Schnittpunkt der Mondbahn mit der Sonnenbahn. Nur dort kann der Mond sich mit der Sonne treffen." Sie landeten. Der Mond hatte die Sonne bereits fast verdeckt. Noreia hob ihre Kristallkugel vor die Augen, dann blickte sie um sich. „Genau da drüben. Bei dem Felsen wird der Übergang entstehen. Komm."

Der Felsen sah aus wie alle anderen, aber wenn ihr Navi das sagte, musste es wohl stimmen. Es wurde finster, Sterne wurden am Himmel sichtbar. Alice war durch einen Kaninchenbau ins Wunderland eingetreten. Aber das hier sah nicht so aus. Es war einfach ein schwarzes Loch. Noreia packte Rolands Hand fest.

„Jetzt."

Von dem Loch schien eine Art Sog auszugehen, sie fielen geradezu hinein. Aus dem Augenwinkel bemerkte Roland noch, wie der Drache ihnen folgte. Dann stürzten sie in die Dunkelheit. Vermutlich gab es dort auch keine Grinsekatze.

82

Kapitel 2

Roland landete auf den Knien und in etwas Matschigem. Ein heftiger Schlag erschütterte den Boden, als auch der Drache Ardux angekommen war. „Roh-Land?", fragte Noreias Stimme besorgt. „Ist alles in Ordnung?"

„Sieht so aus. Wo sind wir hier?"

„Im Hartwald, im Reich Mogons." Sie sagte etwas in einer unbekannten Sprache. Offenbar galt es Ardux, der daraufhin einen Feuerschwall in die Luft stieß. Dadurch konnte Roland erkennen, dass er in einem schlammigen Untergrund kniete, aus dem sich überall steinerne Bäume erhoben.

„Sieht echt hart aus, der Wald", musste er zugestehen. „Mist. Ich habe nicht daran gedacht, meine Eltern anrufen, dass ich heute später komme." Er zog sein Handy aus der Tasche und schaltete es ein. „Doppelmist. Kein Netz."

„Was willst du mit einem Netz? In diesem Wald kann man keine Fische fangen."

Roland entschied, dass es sich nicht lohnte, es ihr zu erklären. Er seufzte nur und steckte das Gerät wieder ein. „Und nun?"

„Wir müssen Efnisiën, den Schmied, aufsuchen. Als ich aufbrach, um dich zu holen, erwartete ich einen Krieger zu finden. Aber du bist unbewaffnet, also muss er dich erst noch ausrüsten. Du kannst doch mit einem Schwert umgehen?"

„Hm. Also, ich hab mal an der Volkshochschule einen Kursus im Schwertkampf gemacht."

„Volks-Hoch-Schule. Das klingt jetzt irgendwie nicht sehr anspruchsvoll. Aber besser als nichts", stellte Noreia mit verhaltener Begeisterung fest. „Efnisiën wird deine Kenntnisse auffrischen müssen."

„Sollten wir nicht auf den Tag warten?"

83

„Warten ist tödlich. Dieser Boden ist mörderisch. Hörst du das Schmatzen? Er hat unsere Anwesenheit schon bemerkt."

Roland musterte misstrauisch den Boden, erhob sich und versuchte halbherzig seine Hose zu reinigen. Sein rechter Fuß begann einzusinken.

„Bleib nicht stehen! Der Sumpf wird uns verschlingen, wenn wir zu lange warten. Da hilft nur, in Bewegung zu bleiben. Außerdem gibt es hier keinen Tag. Mogons Reich ist die Finsternis. Ein Sonnenstrahl würde ihn töten."

„Dann wissen wir ja zumindest, wie ihm beizukommen ist."

„Ja. Theoretisch. Er weiß um seine Schwäche und nimmt sich in Acht. Wir müssen dort entlang, ins Gebirge."

„Und wie ernährt sich dieser Mogon in einem Land, in dem nie die Sonne scheint? Hier wächst doch nichts."

„Deshalb überfällt er ja die Länder im Licht, um sie auszuplündern."

„Ein reizender Zeitgenosse. Dann sollten wir zusehen, dass wir hier weg kommen. Weiß dein Navi den Weg zu diesem Efnisiën?"

„Du meinst meine Kristallkugel? Sie heißt nicht Na-Vi, sie heißt Sequana."

„Von mir aus."

Allmählich gewöhnten sich Rolands Augen an die Dunkelheit. Es war nicht völlig finster; am Himmel flackerten leuchtende Schleier, wohl eine Art Polarlicht. Sie wanderten über den trügerischen Boden. Irgendwann erreichten sie festen Untergrund, das bedrohliche Schmatzen unter den Schuhen hörte auf. Auch der Hartwald blieb zurück, dafür ging es aufwärts in ein Gebirge, das aber bei dieser Beleuchtung vor allem aus dunklen Umrissen bestand.

„Warum fliegen wir nicht mit Ardux?"

84

„Wir sind zu nahe an Mogons Burg. Wenn Ardux aufstiege, würde man uns bemerken."

Ein urzeitliches Brüllen erschütterte die Luft, das durch Mark und Bein ging. Roland blieb wie erstarrt stehen. „Was ist das?", flüsterte er. Eine Grinsekatze war es bestimmt nicht.

„Ein Hork. Ein ziemlich dummes Monster mit einem ziemlich guten Geruchssinn, mit dem es seine Beute aufspürt."

„Fallen wir in sein Beuteschema?"

„Leider ja. Auch wenn ich nur ein Avatar bin."

„Ein Avatar? Wessen Avatar?"

Eine Antwort bekam er nicht, und diese Frage war wohl momentan auch nicht lebenswichtig. „Er kommt! Los, da drüben ist eine Höhle; wir müssen uns verkriechen!"

Roland folgte Noreia, die ihn hinter sich her zerrte. Jedenfalls kannte sie sich hier aus; sie erreichten einen natürlichen Torbogen, der aus zwei gegeneinander gelehnten Felsen bestand. Dahinter war es absolut finster. Sie ertasteten die Rückwand und kauerten sich nieder. „Warum kommt es mir so vor, als ob wir hier in der Falle sitzen? Dieser Hork braucht uns doch nur noch aufzusammeln."

„Er passt nicht durch die Öffnung."

„Na toll. Dann wartet er draußen. Kann dein Drache ihn nicht bekämpfen?"

„Horks sind gegen Feuer immun."

Das spärliche Licht, das durch die Öffnung hereindrang, wurde von einem riesigen Körper ausgelöscht. Dafür erklang wieder das ohrenbetäubende Brüllen, gefolgt von einem Kratzen gewaltiger Krallen. Das Monster hatte die Höhle gefunden und witterte zweifellos seine Beute.

85

„Dann nimm deinen verdammten Zauberstab und verwandle ihn in etwas Harmloses!"

„Würde ich ja. Aber wir sind immer noch im Herrschaftsgebiet Mogons. Wenn ich hier einen Zauber anwende, spürt er es. Dann wäre unsere Anwesenheit verraten. Wenn er seine Soldaten schickt, ist das schlimmer als ein Hork."

„Was ist das eigentlich für ein bescheuertes Spiel? Erst geht meine Technik nicht, und jetzt geht deine Technik auch nicht." Er überlegte. Seine Technik? Die Gesetze der Physik schienen hier zumindest teilweise zu gelten, jedenfalls fielen Dinge hier auch nach unten. Selbst wenn das Handy zum Telefonieren hier nicht taugte, es hatte einen noch fast vollen Akku. „Hast du irgendein Stück Metall für mich? Eine Haarnadel oder so was?"

„Willst du damit etwa den Hork bekämpfen?"

„In gewisser Weise ja."

Sie drückte ihm etwas in die Hand, das sich wie eine Halskette anfühlte. „Geht das hier? Ist aus Silber."

„Und jetzt noch ein Stück Band...", überlegte er. Ach richtig, er trug ja dieses Freundschaftsband von Jessi am Handgelenk. Die im Moment als Hydrant vor der Schule herumstand. „Hab schon."

„Was machst du?"

„Wenn man einen Lithium-Ionen-Akku kurzschließt, erhitzt er sich und explodiert." Er zog den Akku aus dem Handy, wickelte die Kette darum und befestigte sie mit dem Band. Sofort spürte er, wie das Ding in seiner Hand heiß wurde; er schleuderte es in Richtung des Höhlenausgangs.

„Li-zjum-jo-nen-a-ku", buchstabierte Noreia, als müsse sie einen Zauberspruch lernen. „Aber ist das keine Magie, die Mogon spüren könnte?"

86

„Nein. Das ist Physik. Ich dachte mir, in einer Welt, in der die Schwerkraft noch funktioniert, müsste der Rest vielleicht auch noch funktionieren."

„Schwer-Kraft?"

„Dass Sachen nach unten fallen."

„Das tun sie, weil sie ihren natürlichen Ort anstreben. Erde strebt zu Erde nach unten, Luft zu Luft nach oben."

Ach du Schande, wohin bin ich geraten, dachte Roland. Und dann explodierte der Akku freundlicherweise trotzdem. Der Hork stieß ein markerschütterndes Heulen aus, warf sich herum und flüchtete wie von Furien gehetzt. Da er gegen Feuer immun war, blieb fraglich, ob die Explosion ihn ernsthaft verletzt hatte, aber zumindest hatte sie ihm den Appetit verdorben.

„Komm, lass uns weitergehen", schlug Roland vor und ergriff Noreias Hand. Vielleicht war sie nicht aus Fleisch und Blut, aber er spürte, dass sie zitterte. Irgendwie beruhigte ihn das.

Kapitel 3

Efnisiëns Schmiede lag bereits in dem Teil dieser Welt, aus dem die Sonne nicht verbannt war. Sobald sie Mogons Reich hinter sich gelassen hatten, waren sie die restliche Strecke mit Ardux geflogen. Der Schmied war ein athletischer Mann, trug die zu seinem Berufsstand gehörige Lederschürze, und er begrüßte Noreia mit erkennbarer Ehrerbietung. Dann deutete er mit einer Kopfbewegung auf Roland. „Und er?"

„Das ist Roh-Land, der Held aus der Prophezeiung. Ich habe ihn tatsächlich gefunden. Aber er hat kein Schwert. Du musst ihn ausrüsten."

Roland überlegte, dass der kräftig gebaute Schmied einen viel besseren Helden abgeben müsste als er selbst. Aber diese merkwürdige Prophezeiung hatte offenbar ihn auserkoren und nicht Efnisiën. Ob er wirklich etwas hatte, das andere nicht besaßen? Dann war es ihm jedenfalls noch nie aufgefallen.

„Ich grüße dich, Roh-Land." Der Schmied deutete eine Verbeugung an.

Roland tat es ihm nach. „Ich grüße dich, Efnisiën."

„Komm und such dir eine Waffe aus." Mit einer Geste bat er seine Besucher in einen Hinterraum, in dem verschiedene seiner Werkstücke aufgereiht standen.

Roland ließ seinen Blick über die Schwerter schweifen und nahm sich schließlich eines, das in Gestalt und Größe dem am nächsten kam, mit dem er in seinem Kursus gelernt hatte.

Efnisiën musterte ihn stirnrunzelnd. „Das Schwert Hafgan? Das ist eine Waffe für Anfänger."

„Sagen wir's offen. Ich *bin* Anfänger. Hätte Noreia nicht mich angeheuert, würde ich sagen, du bist der bessere Mann für den Job."

Efnisiën und Noreia tauschten einen Blick. „Er ist sich seiner Kräfte nicht bewusst", erläuterte das Geistermädchen. „Aber ich habe bereits eine Probe seines Könnens erlebt, als ein Hork über uns herfallen wollte. Vertrau mir, er ist der Richtige."

Efnisiën nickte. „Schön. Dann lass doch mal sehen." Er griff sich ebenfalls ein Schwert aus der Sammlung. „Attacke!"

Roland schaffte es, den ersten Angriff zu parieren und seinerseits vorzudringen. Er gewann etwas Raum und drängte den Schmied zurück. Aber dann gelang es Efnisiën, ihm die Waffe aus der Hand zu schlagen. Ritterlich hob er sie auf und reichte sie ihm wieder. „Im Angriff nicht schlecht, aber in der Abwehr miserabel", resümierte er.

88

„Er ist zum Angreifen gekommen, nicht zum Abwehren", bemerkte Noreia.

Der Schmied grinste schief. „Wenn du das sagst."

Das Geistermädchen zog seine Kristallkugel hervor, die nun nicht mehr an einer Kette hing. „Ich brauche übrigens eine neue Kette für Sequana."

„Ich glaube, das ist heute das kleinste unserer Probleme."

„Gib mir noch eine Lektion", verlangte Roland, dessen männlicher Stolz sich meldete.

„Aber gern." Diesmal gelang es ihm, sich auf die Kampftechnik des anderen einzustellen und sich etwas länger zu behaupten.

„Wenn ich ihn lange genug trainiere, könnte es etwas werden. Aber ich fürchte, so viel Zeit haben wir nicht mehr. Mogons letzter Überfall liegt einige Zeit zurück. Ich vermute daher, der nächste steht unmittelbar bevor."

„Mogon kämpft selbst? Ich dachte, er scheut die Sonne."

„Er greift nachts an, du Schlaukopf. Und zieht sich vor Sonnenaufgang zurück."

„Dann weiß ich, wie wir ihn besiegen. Wir müssen ihm den Rückweg abschneiden, damit er nicht vor Tagesanbruch seine dunklen Gefilde erreicht."

Hab ich doch gewusst, dass er der Richtige ist, schien Noreias Blick zu sagen, den sie jetzt dem Schmied zuwarf.

„Wenn wir jetzt noch wüssten, wann und wo er anzugreifen gedenkt, hätten wir vielleicht eine Chance", nickte Efnisiën. „Eine kleine Streitmacht könnten wir schon aufstellen, die ihn auf dem Rückzug aufhält. Bleibt die Frage, wie man seine Pläne erfährt."

„Durch einen Spion?", schlug Roland vor.

„Den man dazu unbemerkt in seine Burg bringen müsste, damit er die Besprechung Mogons mit seinen Heerführern belauscht", gab der Schmied zu bedenken.

Roland stellte fest, dass er sich allmählich in diese Welt hineinfand. Und in die Denkweise ihrer Bewohner. Und die verließen sich darauf, dass er ihre Königin rettete. Zweifellos würde er von hier nicht zurückkehren können, bevor er das getan hatte; da war Zögern fehl am Platze. Und da war, zugegeben, ein schönes Mädchen namens Noreia, das seinen Ehrgeiz anstachelte. Selbst wenn sie ein Geist war.

„Noreia, du hast gesagt, dass Mogon es spüren würde, wenn du in seinem Reich einen Zauber anwendest. Würde er es auch merken, wenn du hier zauberst?"

„Sicherlich nicht."

„Dann habe ich einen Vorschlag. Verwandle mich in ein Tier, das unbemerkt in die Burg Mogons eindringen kann. Eine Ratte oder was weiß ich. Kannst du das?"

Sie lächelte ein wenig. „Geht auch ein Rabe? Raben mag ich besonders gern."

*

„Wir sollten den Plan noch einmal genauer durchdenken", überlegte Noreia. „Angenommen, du erlauschst Mogons Angriffspläne. Dann musst du sie zu uns bringen. Und du musst schnell sein, denn natürlich musst du unser Heer anführen. Als Rabe fliegst du über drei Stunden bis zur Burg Mogons. Und noch einmal drei Stunden zurück."

„Ardux könnte mich hinbringen, der ist bestimmt schneller, der hat uns in einer Dreiviertelstunde nach Südafrika gebracht", schlug der Rabe vor.

„So schnell ist er hier nicht. Aber immerhin ist er schnell. Nur darf er sich der Burg nicht zu weit nähern, wie du weißt. Mogon

90

hat Geschütze mit eisernen Pfeilen, die einen Drachen abschießen können. Hm. Immerhin könnte er dich bis zum Hartwald bringen, und du fliegst die restliche Strecke."

„Na gut, dann machen wir es so", krächzte Roland.

„Moment. Ardux kann im Hartwald nicht auf dich warten. Ich sagte es schon, der Sumpf verschlingt jeden, der zu lange an einem Ort bleibt. Wir müssen also wissen, wann du zurückkommst, damit er im rechten Moment zur Stelle ist."

Eine Whatsapp kann ich euch leider nicht schicken, dachte Roland grimmig.

„Ich hab's. Wir besorgen dir eine Kristallkugel. Dann kann ich in meiner sehen, wo du bist."

„Du willst mir nicht etwa so einen Mühlstein um den Hals hängen?"

„Natürlich nicht. Calatin muss uns eine kleinere machen."

„Wer ist Calatin?"

„Ein Zauberer. Er wohnt nicht weit von hier. Und du, Efnisiën, bastelst inzwischen einen Vogelkäfig, in dem Ardux Roh-Land transportieren kann."

„Du willst mich in einen Käfig sperren?"

„Doch nicht einsperren, du Narr. Efnisiën macht ihn so, dass du ihn von innen öffnen kannst."

„Verzeihung", spottete Roland, „ich bin ja nur ein kleiner, dummer Rabe."

Den Raben Roland auf der Schulter, betrat Noreia wenig später die Hütte des Zauberers. Sie verneigte sich ehrfürchtig, und Roland bemühte sich, das Gleichgewicht zu halten. „Seid gegrüßt, Meister Calatin." Calatin war ein alter Mann mit weißem Bart und kahlem Schädel.

„Gruß auch dir, Noreia. Ich stelle fest, du hast einen Vogel. Allerdings einen besonderen, wie mir scheint." Roland musterte interessiert das Interieur der Hütte. Gläser, Töpfe, Retorten. Es hatte etwas vom Chemielabor in der Schule. Allerdings ohne Abzug und ohne Bunsenbrenner. Vermutlich hing Calatin auch noch der Phlogiston-Theorie an.

Sie nickte. „Das ist Roh-Land. Er wird für uns Mogons Pläne auskundschaften. Ich benötige eine Kristallkugel, die so klein ist, dass er sie tragen kann." Sie erläuterte ihm, wozu sie sie brauchen würden.

Calatin warf einige Scherben in einen Tiegel, der auf einem Ofen stand. Dann fachte er mit einem Blasebalg das Feuer an. Bald konnte er ein Metallrohr in die Schmelze stecken, einen zähen Klumpen Glas daran, dann begann er das Rohr zu drehen, während er hineinblies. Mit dem Geschick eines Glasbläsers stellte er eine kleine Kugel her, die fast wie eine Christbaumkugel wirkte. „Sie darf ja nicht größer werden", stellte Calatin fest, „sonst würde ich ihr noch einen zweiten Zauberspiegel geben. So kannst du zwar hindurchsehen, aber er nicht."

„Das muss genügen." Sie zeigte auf die entstehende Kugel. „Wie wird sie heißen?"

„Sirona." Calatin fädelte eine kleine Kette durch die Öse, die er der Kugel angeschmolzen hatte. „Wartet, verbrennt euch nicht daran. Sie muss noch abkühlen."

„Ich weiß schon. Heißes Glas sieht genau so aus wie kaltes Glas", zitierte Roland seinen Chemielehrer.

„Dein Roh-Land scheint mir ein Weiser zu sein", bemerkte der Zauberer.

„Er ist der Held, der die Königin retten wird!", betonte Noreia.

Der Rabe wandte ihr den Kopf zu. „Danke, dass du mich daran erinnerst."

92

Kapitel 4

Der erste Teil des Plans hatte problemlos funktioniert. Ardux hatte, den Vogelkäfig um den Hals, Roland bis zum Hartwald getragen. Dort öffnete der Rabe, seinerseits die Kugel Sirona um den Hals tragend, die Tür des Käfigs und schlüpfte hinaus. Der Drache stieß ein Fauchen aus, mit einem ganz kleinen Flammenstoß. Vielleicht sollte es ‚Viel Glück' heißen. „Danke", krächzte Roland und erhob sich in die Luft. Hinter ihm hob auch Ardux wieder ab, um ins Licht zurückzukehren.

Die Polarlichter flackerten am Himmel. „Folge ihnen in Richtung Rot", hatte Noreia gesagt. „Rot ist Tod, dort findest du die Burg Mogons."

Er benötigte eine halbe Stunde, bis unter ihm die Türme und Zinnen der Burg auftauchten. Düster und bedrohlich, und das nicht nur wegen der spärlichen Beleuchtung. Die Zinnen wirkten wie die mehrfach gezackten Schneiden archaischer Waffen. Und da auf dem Turm, das musste eines der Geschütze sein, von denen Noreia gesprochen hatte. Aber auf einen Raben würde man damit wohl kaum schießen.

Du musst das Heer anführen, hatte Noreia gesagt. Und dort, an der Spitze der Truppen, würde er kein Rabe mehr sein, sondern seine eigene Haut zu Markte tragen. Prickelnde Aussichten.

Roland drehte eine Runde über dem Burghof, um sich zu orientieren. Dann landete er auf einem Sims und schlüpfte durch ein Fenster. Er hatte sich nicht getäuscht. Dies war eine Art Thronsaal, von Fackeln erhellt. Aber außer einem einzelnen Wachposten war niemand zu sehen. Hier würde er nichts erfahren. Er kehrte zurück auf den Hof. Einer der Türme stand einzeln und gehörte nicht zur Burgmauer. Die Fenster waren winzig und dazu noch vergittert. Vielleicht...

Roland zwängte sich zwischen den Stäben hindurch und erkannte, dass er richtig war. Da waren Zellen mit Gittertüren und eisernen

93

Schlössern – das Burgverlies. Er flatterte eine gewundene Treppe hinab und fand schließlich eine Tür, vor der zwei Krieger mit Schwertern und martialischen Helmen Wache hielten. Wurde hier die Königin gefangen gehalten? Gern hätte er einen Blick in die Zelle geworfen. Er stellte sich vor, wie es wäre, sich bei seiner bescheidenen Kampfkunst mit diesen Wächtern einzulassen und rechnete sich keine Chancen aus. Aber als Rabe konnte er vielleicht einen Versuch wagen. Er landete und drückte sich an der Wand entlang. Fast wäre es gelungen. Er reckte den Hals und konnte ganz kurz eine Gestalt erkennen, mit langen blonden Haaren, die mit Ketten an die Wand gefesselt war.

„Was ist das denn für ein Unglücksvogel?", erklang die Stimme eines der Krieger, und zugleich hörte er das Klirren, als jener sein Schwert aus der Scheide zog. Hastig flatterte Roland auf und suchte sein Heil in der Flucht. Die Klinge hieb nach ihm, verfehlte ihn aber knapp.

Er kehrte in den Thronsaal zurück, in dem diesmal mehr Betrieb herrschte. Eine Schar bis an die Zähne bewaffneter Krieger begleitete einen Mann in einem schwarzen Umhang zu einem erhöht stehenden Sessel. Mogon, niemand anders konnte es sein, schleuderte in einer lange geübten Bewegung den Umhang über die Lehne und nahm Platz. Sein Kopf war bleich, schmal und knochig, fast wie ein Totenschädel. „Bericht!", verlangte er.

Einer der Krieger trat vor und kniete nieder. „Mein Gebieter, der Angriff auf die nördliche Feldmark ist vorbereitet. Tausend Krieger stehen bereit und warten auf Euren Befehl. Sie werden diese dummen Bauern überrollen wie ein Orkan."

„Sehr gut. Mit Beginn der Nacht greifen wir an. Sattelt mein Pferd."

Das war die Nachricht, die Roland zu erlauschen gehofft hatte. Er war zweifellos genau zur rechten Zeit hier eingetroffen. Noreia, hast du alles gehört? wollte er fragen. Aber die Kugel Sirona

94

funktionierte ja nur in einer Richtung und konnte zudem nur ein Bild übertragen, aber keinen Ton. Sie müssten ihre Zauberspiegel hier mal weiter entwickeln. Jedenfalls war es jetzt zweifellos an ihm, die erbeutete Information so schnell wie möglich zu den Verbündeten zu bringen. Er schlüpfte durch das Fenster hinaus und flog davon, zurück zum Hartwald, wo er Ardux hoffentlich im rechten Augenblick treffen würde.

*

Der Drache brachte ihn in das Zeltlager, in dem die Truppen der Lichtwelt auf ihren Einsatz warteten. Er traf Noreia zusammen mit Efnisiën und Calatin. Sie nahm ihm die Kugel Sirona ab, zog den Zauberstab und verwandelte ihn zurück. „Wie war es als Rabe?", erkundigte sie sich.

„Man gewöhnt sich daran." Roland streckte seine Gliedmaßen und versuchte, seinen menschlichen Körper wieder unter Kontrolle zu bekommen. „Mogon wird bei Einbruch der Nacht mit tausend Kriegern die nördliche Feldmark angreifen."

„Das ist zu weit von hier. Bis Sonnenuntergang bekommen wir unsere Truppen nicht mehr dorthin verlegt."

„Das müssen wir doch auch gar nicht. Unser Ziel ist es, ihm den Rückweg zu verwehren."

Sie sah Efnisiën an. „Er hat Recht. Wir dürfen ihn gar nicht aufhalten! Je tiefer er in unser Land eindringt, desto besser für uns. Roh-Land, du solltest jetzt hinausgehen und dich den Kämpfern zeigen, an deren Spitze du reiten wirst."

Scheibenkleister, natürlich, er sollte ja die Truppe anführen. Von Reiten war allerdings nie die Rede gewesen. Aber hatte er denn ernsthaft geglaubt, man könne ein Heer zu Fuß anführen? „Reiten? Ich kann nicht reiten."

Noreais Blick war leidend. „Und es gab dafür nicht eventuell einen – äh – Volks-Hoch-Schul-Kurs?"

95

Roland machte eine hilflose Geste.

„Unsinn!", rief sie dann aus. „Du bist mit mir zusammen auf Ardux geritten. Statt dich an mir festzuhalten, hältst du dich an seinen Schuppen fest. Das ist alles."

„Ich soll auf dem Drachen reiten?"

Sie zuckte mit den Schultern. „Wenn du auf einem Pferd nicht reiten kannst?" Dann reichte sie ihm einen Waffengürtel mit dem Schwert Hafgan, das er sich ausgesucht hatte.

Roland schluckte trocken. Na gut. Wenn sie das sagte. Er hatte sich vor dem traumhaft schönen Geistermädchen schon genug Blößen geleistet. Er legte den Gürtel um und straffte seine Haltung. „Also gehen wir."

Sie traten hinaus. Noreia nickte ihm aufmunternd zu, dann bestieg er den Drachen. Es war nicht einmal so schwer, wie er gedacht hatte. „Ruf sie zum Appell!"

„Wie stark ist denn unsere Truppe?"

„Zweihundert Schwertkämpfer, zweihundert Bogenschützen." Gegen tausend Krieger Mogons. Daran sollte er jetzt vielleicht nicht denken.

Roland holte tief Luft. „Krieger der Lichtwelt! Tretet hervor zum Befehlsempfang!" Er beugte sich zu Noreia hinunter, die neben Ardux stand. „Gut so?", fragte er leise.

Sie lächelte. „Perfekt."

Die Kämpfer sammelten sich auf dem Platz und gruppierten sich. Zu Rolands Verwunderung sah er fast ebenso viele Frauen wie Männer. Ob die hier auch eine Frauenquote hatten? Und ob er nun ‚Kriegerinnen und Krieger' hätte sagen müssen? Was mitten im Kampf vermutlich ein strategischer Nachteil gewesen wäre.

„Krieger!", rief Noreia. „Dies ist Roh-Land, der Held aus der Prophezeiung. Er wird euch siegreich gegen Mogon führen."

96

Jubel brandete auf. Es war schon von Vorteil, wenn einem Messias bereits eine Prophezeiung voranging, dachte Roland. Nur damit, dass er der Messias war, hatte er noch immer Probleme.

„Erkläre ihnen deine Strategie", flüsterte Noreia.

Hatte er eine? Doch, er hatte eine. Irgendwo in ihm hatte sich eine entwickelt, seit er um Mogons Schwäche wusste. „Krieger! Ich habe Mogons Pläne ausgekundschaftet. Er wird bei Sonnenuntergang in die nördliche Feldmark einfallen. Und wir werden ihn nicht aufhalten. Aber wir werden ihm den Rückweg abschneiden, damit die Morgensonne ihm die schwarze Seele aus dem Leib brennt. Und es wird uns gelingen, denn wir werden Waffen einsetzen, mit denen er nicht rechnet. Calatin, der Zauberer, wird sie uns herstellen." Erneuter Jubel.

Aus dem Geschichtsunterricht hatte er gelernt, dass jubelndem Volk ebenso wenig zu vertrauen war wie den Anführern, denen diese Begeisterung galt. Und dennoch gab es hier und jetzt offenkundig keinen anderen Weg.

Calatin trat neben die Seite des Drachen. „Gibt es etwas, das ich wissen müsste? Von was für Waffen redest du?"

„Ich rede von Brandpfeilen, die sich erst im Flug entzünden, kurz vor Erreichen des Ziels. Damit rechnen Mogons Leute nicht, das wird sie hoffentlich demoralisieren. In deiner Hexenküche kannst du doch bestimmt einen chemischen Zeitzünder brauen. Eine verzögerte Reaktion. Kaliumpermanganat mit Glycerin zum Beispiel."

„Kal-jum-perma-gnat", flüsterte Noreia ehrfurchtsvoll. „Du weißt eine Menge mächtiger Zauber, scheint mir."

„Diesen kenne ich zwar nicht, aber ich habe etwas anderes. Das werde ich hinbekommen", versprach Calatin. „Gib mir zwei Stunden."

„Reichen zwei Stunden?", wandte sich Roland an Noreia. „Wann müssen wir aufbrechen?"

„Kurz nach Sonnenuntergang. Das schaffen wir."

„Krieger der Lichtwelt! Ruht euch aus und sammelt eure Kräfte. Wir brechen nach Sonnenuntergang auf!"

„Hoch lebe Roh-Land!", erklang ein vielstimmiger Ruf. Ich hasse es, dachte Roland.

Kapitel 5

Sie stellten die Armee Mogons auf einem Gebirgspass, wenige Meilen vor der Grenze zur Dunkelwelt. Die Zeit hatte gereicht, um sich den Ort des Kampfes aussuchen zu können. Dieser war besonders geeignet, da der Gegner nicht zur Seite ausweichen konnte. Die Fackeln, die Mogon und seinen Leuten den Weg erhellten, waren weithin zu erkennen, und der Fürst der Dunkelheit rechnete nach erfolgreichem Feldzug nicht mehr mit einem Zwischenfall. Sie führten beladene Wagen ebenso wie Gefangene mit sich.

Noreia hatte ihm erklärt, dass die Reichweite der Bogen hundert Klafter betrug, wenn man noch sicher das Ziel treffen wollte. Daraus hatte Roland errechnet, welche Verzögerung der Brandsatz haben musste. Endlich war Mathe mal zu etwas gut.

Vom Rücken des Drachen aus gab er das Zeichen zum Angriff. Die Fackeln gaben gute Ziele ab. Das Schwirren der Pfeile ging in dem Lärm unter, den die Krieger Mogons verursachten. Dann entflammten die Pfeile, so kurz vor dem Gegner, dass ihm gerade noch Zeit zum Erschrecken blieb, aber nicht mehr zum Reagieren. In die gegnerischen Linien kam Unordnung. Wer über die gefallenen Krieger nach vorn drängte, wurde Opfer der nächsten Salve. Wer durchkam, wurde von den Schwertkämpfern empfangen, denen Ardux mit seinem Feueratem beistand und

Roland, von dessen Rücken aus, mit Hafgan. Zur Seite auszuweichen war nicht möglich. Schreie, Flüche, dazwischen Mogons Stimme, die zum Durchhalten aufrief. Die ersten Gegner ließen ihre Fackeln fallen und wandten sich zur Flucht. Dort stellten sich ihnen ihre Gefangenen entgegen, die ihre Chance erkannt hatten. Es war ein unbeschreibliches Durcheinander.

Noreia wies zum Horizont, wo der Sonnenaufgang dämmerte. „Wir müssen nur noch kurze Zeit durchhalten."

Das fahle Licht der Morgendämmerung enthüllte das Schlachtfeld. Der Gegner war noch nicht besiegt, und jetzt fiel der strategische Vorteil weg, die Pfeile aus der Dunkelheit heraus abschießen zu können. „Sammeln! Es sind nur wenige! Macht sie nieder!", schrie Mogon.

Noreia schleuderte einen Blitz aus ihrem Zauberstab, aber der verästelte sich und zersplitterte, ehe er den Fürsten der Dunkelheit erreichen konnte. Mogon musste über einen Abwehrzauber verfügen. Sie schwang sich hinter Roland auf den Rücken des Drachen. „Greif ihn an!"

Roland riss sein Schwert hoch und ließ Ardux den Hang hinabgleiten. Der Gegner empfing ihn mit gezogener Waffe; die Klingen prallten klirrend aufeinander. Die Abwehr ist miserabel, hatte Efnisiën gesagt. Recht hatte er. Mogons Klinge traf sein Gesicht und verletzte ihn an der Wange. Das war knapp, und Roland erkannte, dass er sich nicht mehr lange behaupten konnte. „Flieh", rief Noreia, „aber landeinwärts!"

Da Roland es ebenfalls für ratsam hielt, den Kampf nicht fortzusetzen, gehorchte er. Ardux wendete und strich im Tiefflug an Mogon vorbei. Jetzt erkannte jener, wer hinter ihm auf dem Rücken des Drachen saß. „Verrat!", brüllte er, riss sein Pferd herum und verfolgte sie.

„Jetzt haben wir ihn", jubelte Noreia. Roland verstand nicht ganz, was sie meinte. Oder eigentlich verstand er es gar nicht. Sie rief

99

dem Drachen etwas zu, woraufhin dieser seinen Flug verlangsamte und Mogon aufholen ließ. Den Pass hinunter ging es, zurück in die Lichtwelt, den Fürsten der Dunkelheit immer eine Pferdelänge hinter sich.

Die Gipfel röteten sich im Licht der aufgehenden Sonne, und Mogon begriff erschrocken, dass seine Zeit ablief. Er wendete und trieb sein Pferd an. Aber während zwischen den Felswänden noch die Nacht lag, war auf dem Pass die Sonne schon zu sehen. Als Mogon die Anhöhe erreichte, schien sie ihm unvermittelt direkt ins Gesicht.

Mit einem grauenvollen Schrei riss er die Hände vor die Augen, stürzte vom Pferd und war tot. „Ich dachte nicht, dass es so schnell geht", stellte Noreia emotionslos fest.

Der Tod ihres Anführers lähmte die Kampfkraft von Mogons restlicher Truppe. Die Krieger der Lichtwelt hatten leichtes Spiel.

Roland tastete nach der Wunde im Gesicht und fand Blut an den Fingern. „Es ist nur ein kleiner Kratzer", beruhigte ihn Noreia.

„Aber meine Eltern werden fragen, wie das passiert ist."

„Normalerweise tragen Helden ihre Narben als Trophäen. Aber wenn das in deiner Welt ein Problem ist..." Sie griff nach ihrem Zauberstab. „Ich kann es wegmachen."

„Nein, lass es. Ich werde mir schon etwas ausdenken."

„Also auf zur Burg! Befreien wir die Königin!", rief Noreia. Auf dem Rücken des Drachen war es ein Weg von weniger als einer halben Stunde.

*

Die restlichen Wachen, die in der Burg noch anzutreffen waren, fielen Noreias Zauberstab zum Opfer. Die Posten vor der Zelle huschten als Ratten davon. Ein Blitz aus dem Zauberstab öffnete

100

das Schloss, ein weiterer ließ die Ketten von der Gefangenen abfallen. Sie hob den Kopf. „Endlich!", hauchte sie.

Roland erstarrte. Die Königin sah ihn an. Und er blickte in Noreias Gesicht. „Habe ich jetzt ... den Anschluss verpasst?", stammelte er. „Bist du ... Verzeihung, Majestät ... seid Ihr ihre Schwester?"

„Fast", sagte Noreia. Sie trat auf Königin Onomaris zu – und in sie hinein. Dann war sie verschwunden. Roland riss die Augen auf.

„Ich wollte dich nicht erschrecken", sagte die Königin mit Noreias Stimme. „Noreia ist ein Teil von mir. Oder ich bin ein Teil von ihr. Sagte sie dir nicht, dass sie ein Avatar ist? Ich konnte sie abspalten, ehe mich Mogon in dieses Loch warf. Während ich hier saß, hat sie meine Befreiung betrieben. Und sie hat eine gute Wahl mit dir getroffen, Roh-Land." Daher also hatte Mogon, als er Noreia erkannt hatte, jegliche Vorsicht vergessen und war ihnen nachgejagt. Er musste geglaubt haben, die Königin sei schon befreit worden.

„Majestät..." Niederknien? Verbeugen? Und wohin mit den Händen? Er hatte noch nie einer Königin gegenübergestanden.

Jene lächelte und reichte ihm beide Hände. „Ich danke dir, Roh-Land, mein Held und Befreier. Lass uns gehen. Du willst sicherlich wieder in deine Welt zurückkehren. Oder möchtest du bleiben?"

Roland überlegte. Er hatte tatsächlich die ganze Zeit über nicht daran gedacht, dass das Portal sich nur alle achtzehn Jahre öffnete. Wie sollte er jetzt zurückkommen? Würde er hier jetzt nicht für achtzehn Jahre festsitzen?

Die Königin schien seine Gedanken zu ahnen. „Keine Sorge. Das Portal steht noch offen. In deiner Welt ist nur eine Sekunde vergangen."

Epilog

Für den Rückweg stellte Onomaris ihm noch einmal Noreia an die Seite. Sie passierten das Portal und fanden sich wieder in der südafrikanischen Landschaft. Dort bestiegen sie den Drachen und machten sich auf den Weg zurück nach Europa. Mit Überschallgeschwindigkeit. Sie landeten im Stadtpark, Noreia vollführte eine magische Geste mit dem Zauberstab, und Ardux wurde unsichtbar. Auf der Uhr am Schulgebäude waren rund anderthalb Stunden vergangen. Je 45 Minuten für den Weg und eine Sekunde für das Abenteuer. Es war unglaublich.

Die Ampel am Überweg erwischten sie diesmal bei Grün. „Jetzt sollte ich wohl Je-Si wieder zurückverwandeln", lächelte Noreia.

Im nächsten Augenblick stand Jessi wieder neben ihnen und blickte etwas irritiert um sich. „Was war das jetzt?", knurrte sie ungnädig. „Diese Tusse ist ja immer noch da."

„Sag nicht Tusse zu ihr. Das ist Königin Onomaris. Oder jedenfalls ein Teil von ihr."

„Hast du sie noch alle?"

„Ich glaube, ich sollte mich verabschieden", stellte Noreia fest. „Die Königin dankt dir und wird dich stets in Erinnerung behalten." Damit drückte sie ihm einen Kuss auf.

„Aus meinen Augen!", kreischte Jessi. „Ich disse dich! Und wage es nicht, mir noch mal aufs Handy zu schreiben!"

„Kann ich sowieso nicht. Mein Akku ist hin", erklärte Roland freundlich. Er wandte sich Noreia zu. „Ich frage mich, ob ich nicht wieder mit dir mitkommen sollte."

Sie grinste etwas unglücklich. „Das Portal hat sich vor knapp einer Stunde geschlossen. Soll ich in achtzehn Jahren noch einmal nachfragen?"

ৡৢ

Anmerkung: *Ich bitte um Verständnis, dass in einer Fantasy-Welt ein Drache überschallschnell fliegen kann. Zumindest auf dieser Seite des Portals. Auf der anderen ist er ja langsamer. Und versuchen Sie bitte nicht, die Zeitabläufe in den beiden Welten gegeneinander aufzurechnen. Es ist kein relativistischer Effekt und es gibt keinen festen Umrechnungsfaktor.*

Credits: Für diese Geschichte gibt es eigentlich kein spezielles Vorbild, auf das ich mich berufen könnte. Ich danke allen Fantasy-Autoren von C. S. Lewis bis J. R. R. Tolkien, in deren Romanen eine finstere Macht ein Königreich bedroht, das dann durch einen Helden (oder eine Heldin) gerettet werden muss – wobei diese erst im Verlaufe der Handlung ihre Bestimmung erkennen. Das scheint das übliche Schema solcher Geschichten zu sein, und wer wäre ich, dass ich mich über die Tradition dieses Strickmusters hinwegsetzte?

Aufgaben:

1. Für eine Sonnenfinsternis müssen Mond und Sonne sich am Himmel treffen. Der Schnittpunkt der Mondbahn und der Ekliptik (scheinbare Sonnenbahn) ist der Drachenpunkt. Eigentlich gibt es zwei davon, einen absteigenden und einen aufsteigenden, was aber für diese Aufgabe ohne Bedeutung ist. Die Zeit zwischen zwei Durchgängen des Mondes durch den Drachenpunkt ist ein drakonitischer Monat = 27d 5h 5min 35,8s. Der Mond befindet sich bei einer Sonnenfinsternis natürlich in der Phase Neumond. Die Zeit zwischen zwei Neumonden ist ein synodischer Monat = 29d 12h 44min 2,9s. Von einer Finsternis zur nächsten muss also sowohl eine ganze Anzahl drakonitischer als auch synodischer Monate vergehen. Eine Abweichung von etwa 1,3 Stunden sei erlaubt. Finden Sie heraus, nach wie vielen drakonitischen bzw. synodischen Monaten sich Mond und Sonne innerhalb dieser Toleranz wieder treffen. Da es keine exakte Lösung gibt,

berechnen Sie z.B. die Vielfachen der beiden Monatslängen (etwa mit einer Tabellenkalkulation) und suchen Sie Lösungen, die sich um weniger als 1,3 Stunden unterscheiden. Nach welcher Zeit wird sich das Portal wieder öffnen? Rechnen Sie mit einer Jahreslänge von 365,2425 Tagen (gregorianisches Jahr).

2. Der Drache startet in Deutschland (geografische Koordinaten 50°N 8°E, das ist in der Nähe von Bingen) und erreicht nach 45 Minuten Südafrika (geografische Koordinaten 25°S 30°E, das ist in der Nähe von Marble Hall). Berechnen Sie den Abstand dieser Punkte längs der Erdoberfläche (Großkreisentfernung), wenn der mittlere Erdradius 6371 km beträgt. Berechnen Sie die Geschwindigkeit des Drachen. (Es ist tatsächlich noch etwas weniger als die Umlaufgeschwindigkeit der ISS.)

3. Ein Lithium-Ionen-Akku (jedenfalls der in Rolands Handy) hat die Maße 8 cm • 5 cm • 0,5 cm und eine Speicherkapazität von $I \cdot t$ = 3000 mAh (3000 Milliamperestunden). Die Spannung beträgt U = 4 V.

Berechnen Sie den Energieinhalt des Akkus ($W = U \cdot I \cdot t$). Hinweis: Wenn Sie die Kapazität dabei in Amperesekunden umrechnen, erhalten Sie W in Joule.

Durch den Kurzschluss entlädt er sich innerhalb von t = 3 Minuten. Wie groß ist die Stromstärke (I) und wie groß ist die dabei umgesetzte Leistung ($P = W / t$)?

4. Nehmen Sie im Folgenden an, dass diese Leistung vollständig zur Erhitzung des Akkus dient (tatsächlich würde ein Teil davon die Silberkette erhitzen).

Die durchschnittliche Dichte des Akkus beträgt $\rho = 3,124$ g/cm². Berechnen Sie seine Masse $m = \rho \cdot V$. Die durchschnittliche spezifische Wärmekapazität beträgt $c = 0,633$ J/(g•K). Berechnen Sie die Erwärmung $\Delta T = W / (m \cdot c)$. Wie heiß müsste er demnach werden, wenn er zu Beginn eine Temperatur von 20 °C besaß?

104

5. Vom Hartwald bis zur Burg Mogons sind es 20 km. Vom Hartwald bis zum Heerlager in der Lichtwelt sind es 100 km. Der Rabe kann mit 40 km/h fliegen, der Drache mit 250 km/h. Wie lange nach dem Aufbruch des Raben von der Burg muss der Drache starten, um im Hartwald mit ihm zusammenzutreffen?

6. Ein Pfeil der Bogenschützen fliegt mit 300 km/h von der Sehne. Das Ziel befindet sich (zur Vereinfachung auf gleicher Höhe) in 100 Klafter Entfernung (1 Klafter = 1,8 m). Unter welchem Winkel α gegen die Horizontale muss der Pfeil abgeschossen werden, um ins Ziel zu treffen? Sie dürfen annehmen, dass die Fallbeschleunigung auch in der Welt jenseits des Portals etwa $g = 10 \text{ m/s}^2$ beträgt.

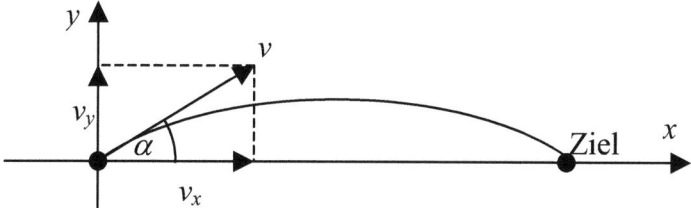

Hinweis: Zerlegen Sie die Abschussgeschwindigkeit v des Pfeils in die Komponenten v_x und v_y. Dann gilt für die Koordinaten des Pfeils zur Zeit t:

$$x(t) = v_x \cdot t \quad \text{und} \quad y(t) = v_y \cdot t - \tfrac{1}{2} g \cdot t^2 .$$

(Achtung: Zwei Lösungen!)

7. Der Brandsatz soll sich eine halbe Sekunde vor dem Ziel entzünden. Berechnen Sie die erforderliche zeitliche Verzögerung zwischen Abschuss und Entzündung.

105

Das Geheimnis der N-Strahlen

Prolog

Die Geschichte, die ich zu erzählen habe, liegt jetzt etwa dreißig Jahre und einen schrecklichen Weltkrieg weit zurück. Es war noch die Zeit der Gaslaternen und Pferdedroschken. Es war die Zeit der Pioniere der modernen Wissenschaft, die unter primitivsten Bedingungen die Radioaktivität erforschten und der Natur die Relativitäts- und die Quantentheorie ablauschten. Einige dieser Pioniere wurden berühmt. Andere wurden vergessen. Von einem der letzteren soll die Rede sein.

Kapitel 1

Die Überfahrt verlief, was das Wetter betraf, relativ ruhig. Kurz nach der Abreise aus New York geriet die ‚RMS Lucania' zwar in ein Schlechtwettergebiet, das aber nach zwei Tagen überwunden war. Meine Seefestigkeit hatte ich bei früheren Reisen bereits unter Beweis gestellt, so dass dies mein Befinden nicht sonderlich beeinträchtigt hatte. Wenn ich von einer ruhigen Überfahrt spreche, dann meine ich damit allerdings nur die See. In anderer Hinsicht war sie durchaus eher unruhig.

Vielleicht am fünften Tag der Reise saß ich im Rauchersalon mit einigen Herren beisammen, die sich über die Aktienkurse von Minengesellschaften austauschten. Da ich selbst keine Aktien besaß – und auch heute noch keine besitze – lauschte ich mit höflichem Interesse, ohne mich sonderlich an der Unterhaltung zu beteiligen, und rauchte meine Pfeife. Da kam *sie* herein. Mein Blick streifte sie flüchtig, dann stutzte ich und sah ein weiteres Mal hin. Ja, es war tatsächlich eine Dame. Ihre brünetten Haare waren zu einer Pagenfrisur geschnitten, sie trug Hose und Blazer und rauchte eine Zigarre. Die Aktienfreunde waren scheints so irritiert wie ich selbst; ihre Unterhaltung geriet ins Stocken.

Den Blick, mit dem die Dame das ihr entgegenschlagende Befremden quittierte, konnte man als amüsiert bezeichnen. „Guten Morgen, meine Herren. Sie haben doch nichts dagegen?" Sie ließ sich in einen der Klubsessel fallen, schlug die Beine übereinander, zog sich einen Aschenbecher heran und streifte ihre Zigarrenasche ab. „Sie dürfen Ihre Unterhaltung gern fortsetzen."

Das war der Moment, an dem ich begriff, dass ich eine ausgesprochen konservative Erziehung genossen hatte. Diese Frau tat ja nichts anderes als wir, aber etwas in mir war der Überzeugung, dass eine Dame so etwas nicht tat – nicht tun konnte. Die Höflichkeit gebot es mir, die Pfeife aus dem Mund zu nehmen. „Guten Morgen, Miss. Ich vermute, Sie werden es auch selbst übernehmen, sich vorzustellen. Mein Name ist Wood. Robert Williams Wood."

„Doktor Wood von der Johns Hopkins University of Baltimore? Ich bin erfreut, Sie kennen zu lernen – Ach ja: Nora Atkins von der New York Times." Sie streckte mir die Hand hin. Immerhin legte sie dazu ihre Zigarre im Aschenbecher ab.

„Eine Journalistin?"

„Die Herausgeberin jedenfalls nicht." Sie grinste. „Noch nicht."

„Und woher kennen Sie mich?"

„Ich las Ihre Veröffentlichung über die Infrarot-Fotografie. Sehr eindrucksvoll. Und was führt Sie jetzt in die Alte Welt?"

Ich runzelte die Stirn und kam mir immer noch irgendwie überrumpelt vor. „Horchen Sie mich etwa aus?"

„Lieber Doktor Wood, dafür werde ich schließlich bezahlt."

Ihre Ehrlichkeit nahm mich allmählich für sie ein. „Ich reise zu einem wissenschaftlichen Kongress nach Cambridge."

„Welch ein Zufall. Unter anderem von dort soll ich berichten."

Ich seufzte. „Dann bleiben Sie mir ja wohl noch für eine Weile erhalten."

„Sie leiden doch nicht etwa darunter?" Sie zog eine Taschenuhr aus ihrem Blazer. „Oh. Zeit zum Mittagessen. Begleiten Sie mich zu Tisch, Doktor Wood?" Sie drückte die Glut ihrer Zigarre aus und erhob sich. Dann hakte sie sich mit dem Arm bei mir ein, und ich hätte wetten können, dass es aussah, als ob *sie mich* zu Tisch führte. Die Aktienkundigen blieben mit offenen Mündern zurück.

*

Um es kurz zu machen, Nora Atkins belagerte mich auch für den Rest der Reise. Ohne sie wäre ich wohl sicherlich nicht auf die Idee gekommen, am Abend im Musiksalon tanzen zu gehen. Bei der Gelegenheit bekam ich sie ausnahmsweise auch einmal im Abendkleid zu sehen. In dem sie entzückend aussah. Sie tanzte übrigens viel besser als ich und führte ausgezeichnet. Sie plauderte über technische Errungenschaften und Wissenschaft. Immer wieder schaffte sie es, mir Details meiner Forschung zu entlocken, indem sie mir Behauptungen als Köder hinwarf, die ich nicht unwidersprochen im Raum stehen lassen konnte, und schon hatte sie mich wieder auf das Thema ihrer Wahl gebracht.

„Sie werden sich auf Ihrem Kongress sicherlich auch mit diesen neuen Strahlen beschäftigen, nicht wahr?"

„Sie meinen die X-Strahlen von Professor Röntgen?"

„Die natürlich auch. Aber Sie werden mir doch nicht erzählen, Sie hätten noch nichts von den N-Strahlen des Professors René Blondlot aus Nancy gehört? Die französischen Journale sollen voll davon sein."

„Die amerikanischen nicht", gab ich etwas spitz zurück.

„Eben. Deshalb soll ich meiner Zeitung eine Reportage über die N-Strahlen bringen."

108

„Warum fahren Sie dann nach Cambridge und nicht nach Nancy?", erkundigte ich mich unwirsch.

„Weil ich es wichtig finde, die Meinung der wissenschaftlichen Welt zu diesem Thema zu kennen. Außerhalb Frankreichs, meine ich."

„Aha."

„Was denken Sie, Doktor Wood – könnten Sie mir Zutritt zu dem Kongress verschaffen?"

„Wie jetzt? Sie haben keine Einladung?"

Sie senkte den Kopf und gab sich den Anschein von Schuldbewusstsein. „Die Redaktion hat es versucht, aber die Herren in Cambridge sind für die Presse nicht so aufgeschlossen."

„Und was, denken Sie, kann ich daran ändern?"

Sie schaffte einen treuherzigen Augenaufschlag. „Sie könnten mich zum Beispiel als Ihre Sekretärin vorstellen?"

„Aber nicht mit Zigarre und Hose!", entfuhr es mir.

Sie strahlte mich an. „Heißt das: ja? Ach, Doktor Wood, Sie sind der liebste Mensch auf der Welt!"

„Sie sind ein verdammtes Luder, Nora, und Sie missbrauchen meine Gutmütigkeit!"

„Ich weiß, dass ich ein verdammtes Luder bin", bekannte sie mit zerknirschtem Gesichtausdruck. „Anders könnte ich meinen Job bei der New York Times nicht ausfüllen. Und nun reden wir nicht mehr davon, okay?" Sie wies aus dem Fenster des Salons. „Morgen sind wir in Liverpool. Kommen Sie an Deck, lassen Sie uns den Sternenhimmel bewundern. Sie kennen sich doch aus – erklären Sie mir den Unterschied zwischen Fixstern und Planet?"

„Den wissen Sie doch längst!"

Sie zuckte hilflos mit den Schultern. „Dann geben Sie mir einen anderen Vorwand."

Kapitel 2

Als wir von Bord gingen, schien es mir, als ob Nora Atkins trotz ihrer emanzipierten Fassade eine ganz normale Frau war, wenn man dies am Umfang ihres Gepäcks beurteilen wollte. Ein Dienstmann schleppte drei Koffer, zwei Hutschachteln und eine Reisetasche zum Bahnhof.

„Wir sehen uns morgen in Cambridge", sagte sie mir zum Abschied. „Meine Zeitung hat für mich telegrafisch ein Zimmer im Crown House in Sawston reserviert, Sie können mich um neun Uhr abholen."

„Was bringt Sie auf den Gedanken, dass ich Sie abhole?"

„Es würde doch merkwürdig aussehen, wenn Ihre Sekretärin ohne Sie allein am Trinity College eintrifft, meinen Sie nicht?"

Mir blieb nichts anderes übrig, als ihr zuzustimmen.

Am folgenden Tag, es war der 15. September, stand ich also gut eine Stunde früher auf als ursprünglich geplant, damit ich einen Kutscher organisieren und zu dem Umweg über Sawston motivieren konnte, wo mich Miss Atkins immerhin bereits abreisefertig erwartete. Sie war nicht der Typ Frau, der Stunden vor dem Spiegel verbrachte und behauptete, gleich fertig zu sein. Sie *war* fertig. Ihr Kleid war von schlichter Eleganz, dazu trug sie einen kleinen Jägerhut. Gut, so mochte man sich in der Tat die Sekretärin eines Wissenschaftlers aus Baltimore vorstellen.

Wir erreichten das Trinity College pünktlich und wurden in einen Sitzungssaal geleitet. Der Dekan übernahm es, die Gäste einander vorzustellen, aber ich kannte eine Reihe der Teilnehmer ohnehin von früheren Kongressen. Bei unserem Erscheinen stockte er. „Doktor Wood aus Baltimore und, äh..."

110

„Meine Sekretärin, Miss Atkins", half ich aus. Ich spürte, wie mich der Berliner Professor Rubens sehr lange und sehr nachdenklich ansah. Diese Amerikaner können sich ja wohl alles erlauben, sagte sein Blick.

„Ich hatte gehofft, Madame Curie zu treffen", flüsterte Nora mir zu. „Ist sie nicht hier?"

Da sie sehr laut geflüstert hatte, zog sie schon wieder die Aufmerksamkeit aller auf uns. Da half nur die Flucht nach vorn. „Miss Atkins erinnerte mich eben daran, dass ich eine Nachricht meines Instituts an Madame Curie überbringen sollte. Sie scheint aber nicht hier zu sein?"

Der Dekan verzog säuerlich das Gesicht. „Tatsache ist, dass alle französischen Wissenschaftler aus den unterschiedlichsten Gründen abgesagt haben. Becquerel ist krank, Charpentier hat einen Termin in Wien, das Ehepaar Curie ist in seine Forschungen eingebunden und unabkömmlich. Gestern sagte auch noch Bichat telegrafisch ab." Er senkte die Stimme. „Und Blondlot haben wir nicht eingeladen."

Ich erinnerte mich, dass bei früheren Zusammenkünften im Schnitt vier von sechs der führenden französischen Köpfe anwesend gewesen waren und fragte mich, ob das noch Zufall sein konnte. Oder *wollten* sie nicht dabei sein, wenn wir über Blondlots Strahlen diskutierten?

Eine kleine Wahrscheinlichkeitsberechnung bestätigte mir, dass es *kein* Zufall sein konnte; ich verbuchte es unter unabwendbare Fakten und beschloss, mir nicht weiter den Kopf darüber zu zerbrechen.

Tatsächlich hatte ich mit meiner ‚Sekretärin' durchaus andere Sorgen. Mehrmals fiel sie durch Zwischenfragen auf, die von der Sache her zweifellos gerechtfertigt waren, die zu stellen aber eigentlich einem der offiziellen Teilnehmer gebührt hätte. Den frisch gebackenen Nobelpreisträger Conrad Röntgen unterbrach sie in seinem Vortrag mit der Frage, ob er sich schon Gedanken über gesundheitliche Risiken seiner Strahlen gemacht habe, und von Sir Rutherford wollte sie wissen, warum er sich eigentlich die Mühe mache, die Lichtblitze auf einem Leuchtschirm zu zählen, wenn die Strahlung, die er beobachte, nach eigenem Bekunden doch ionisierend sei und sich daher ebenso gut elektrisch nachweisen lassen müsse.

„Wenn Sie weiterhin als meine Sekretärin durchgehen wollen, muss ich Sie bitten, etwas mehr Zurückhaltung zu üben", ermahnte ich sie in einer Pause, nachdem ich im vorangegangenen Vortrag vermutlich schon wieder rot angelaufen war. „Ich war schon versucht, mich woanders hinzusetzen, damit nicht der Eindruck entsteht, wir gehörten zusammen."

„Dafür ist es, fürchte ich, zu spät", wandte sie ein, gelobte aber Besserung.

*

Beim zwanglosen Gespräch am Abend dieses Tages, Nora verzichtete aufopferungsvoll auf ihre Zigarre und begnügte sich mit Zigaretten, kam schließlich, außerhalb des offiziellen Tagungsprogramms, das Gespräch auf Blondlot und die N-Strahlen. Ich hatte in diesem Punkt tatsächlich etwas Nachholbedarf, weil ich in den USA keine Veröffentlichungen hierzu gesehen hatte. Professor Rubens klärte mich – uns – auf. Demnach hatte Blondlot eine Strahlung entdeckt, die von Platindraht, aber auch von anderen Metallen ausgesendet wurde und einen Leuchtschirm erhellen konnte. Sie wurde durch Blei abgeschirmt und durch Aluminium abgelenkt. Kaiser Wilhelm hatte großes Interesse an den Strahlen bekundet und ihn, Rubens, nach Potsdam kommen lassen, um sich die Strahlen demonstrieren zu lassen. Leider war es Rubens nicht gelungen, die Experimente zu reproduzieren. Er hatte daraufhin mit Blondlot korrespondiert, der ihm auch geduldig seine Versuche erläutert hatte, aber in

112

Berlin waren die Phänomene dennoch nicht wiederholbar gewesen.

„Man könnte meinen", grollte Rubens, „es handele sich um eine rein französische Erscheinung, die außerhalb der Grenzen Frankreichs nicht funktioniert."

Dafür sprach, dass es inzwischen auch von Becquerel und Charpentier mehrere Veröffentlichungen zu diesem Thema gab. Becquerel wollte die Strahlen sogar durch einen Telegrafendraht übertragen haben.

Nora Atkins, nach dem Dämpfer vorhin inzwischen wieder etwas mutiger geworden, räusperte sich. „Meine Herren...?"

„Sie wollten etwas sagen, Miss Atkins?"

„Nun, mir kam der Gedanke, dass der Nobelpreis für die X-Strahlen an Professor Röntgen nach Deutschland gegangen ist. Vielleicht gebietet es der französische Nationalstolz – wie soll ich sagen – gleichzuziehen?"

„Sie können...", begann Rubens, dann verstummte er, die Tragweite der Äußerung begreifend.

„Ich denke, wir sind als Wissenschaftler der Wahrheit verpflichtet", sagte ich. Und als Journalisten auch, setzte ich in Gedanken hinzu. Ich glaubte das damals tatsächlich noch. Später, im Weltkrieg, lernte ich dann, wie schnell die Wahrhaftigkeit der Presse den nationalen Interessen geopfert werden konnte.

„Wäre es nicht ganz natürlich, wenn jemand nach Nancy fahren würde, um sich die Versuche Blondlots im Original anzusehen?"

„Und wer sollte das sein?"

„Vielleicht Sie, Professor Rubens? Sie haben immerhin schon mit ihm korrespondiert."

Der Deutsche wehrte ab. „Gerade darum nicht. Ich käme mir schäbig vor, nachdem er mir alles so hilfsbereit erklärt hat, jetzt den Eindruck zu erwecken, ich misstraue ihm."

„Warum fahren wir ... ich meine: Warum fahren Sie nicht, Doktor Wood?", fragte Nora.

„Das ist eine gute Idee." Rubens war sofort begeistert. „Sie hatten mit Blondlot noch nichts zu tun, Sie sind unvoreingenommen. Und Sie sind Amerikaner."

„Was hat das damit zu tun?"

„Amerikaner dürfen sich alles erlauben."

Ich sah Nora Atkins an und wusste, dass er Recht hatte. Sie wusste es offenbar auch und grinste unmerklich.

Kapitel 3

Ich telegrafierte an Professor Blondlot und bat ihn um ein Treffen. Er drahtete zurück, dass er mich erwarte und sich freue, mir seine Versuche zeigen zu können. Insofern verlief alles nach Plan. Natürlich würde Nora Atkins mich begleiten. Da der Kongress in Cambridge zuende war, verließ ich das Gästehaus des Trinity College und zog noch für zwei Tage ins Crown House in Sawston, in dem Nora sich einquartiert hatte. Das Crown House war damals ein besserer Landgasthof; vor einiger Zeit ergab es sich, dass ich dort noch einmal einkehrte, inzwischen ist es ein respektables Hotel, aber ich suchte vergeblich nach Erinnerungen an meinen damaligen Aufenthalt und an jenen unterhaltsamen Abend mit Miss Atkins. Nur die Qualität der Küche ist seitdem nicht besser geworden, aber das kann man dem Hotel nicht anlasten, es ist eher eine systemimmanente Eigenschaft der englischen Küche schlechthin.

Wir hatten verabredet, noch gemeinsam zu frühstücken und hatten für acht Uhr eine Droschke bestellt, die uns zur Bahnstation nach

114

Whittlesford Parkway bringen sollte. Der Zug nach Dover fuhr um zehn Minuten vor neun.

Als mich der Hausdiener am Morgen weckte und ich auf meine Uhr sah, glaubte ich zunächst, sie sei am Vorabend stehen geblieben. Aber das konnte nicht stimmen, ich hatte mich um elf zu Bett begeben, da ging die Uhr noch. Jetzt zeigte sie kurz vor acht. „Wie spät ist es?", fragte ich, zugegeben etwas harsch, den Diener. Er schlurfte in den Korridor, wohl um dort nach einer Standuhr zu sehen, und kehrte mit der Nachricht zurück, es sei fünf vor acht. Man konnte es drehen wie man wollte, ich hatte verschlafen. Nora musste mich doch beim Frühstück vermisst haben, warum hatte sie nicht nach mir sehen lassen? Aber mir blieb keine Zeit zum Nachdenken; in wenigen Augenblicken sollte die Droschke kommen, die uns zur Bahn brachte. Ich verzichtete auf jegliche Morgentoilette, sprang in meine Kleidung, warf meine Sachen in den Koffer und stand um zwei nach acht unten an der Rezeption, ungewaschen und ungekämmt.

Die Wirtin musterte mich mit nachsichtigem Mitleid, was die Theorie bestätigte, dass Amerikaner sich alles erlauben dürfen. Nora konnte ich nirgends erblicken. „Können Sie mir sagen, wo die Dame von Zimmer drei ist?"

„Miss Atkins? Ist vor einer Viertelstunde von der Droschke abgeholt worden, die Sie bestellt hatten. Sie sagte, Sie bleiben noch. Sie hat Ihnen diese Depesche hinterlassen."

„Das muss ein Irrtum sein." Ich riss den Umschlag auf, den mir die Wirtin übergeben hatte. *Lieber Doktor Wood*, stand da. *Vielen Dank für Ihre freundliche Unterstützung bis hier. Ich denke, den Rest schaffe ich aber allein. Herzlichst, Ihre Nora Atkins.*

Dieses gerissene Stück hatte mich ausgetrickst und wollte mich abhängen. „Meine Rechnung, schnell! Ich reise natürlich ab. Können Sie mir einen Wagen besorgen, der mich zum Bahnhof bringt? Ich muss den Zug nach Dover erreichen."

Die Wirtin seufzte. „Rechnung. Wagen. Ich habe nur zwei Hände." Sie erhob dieselben theatralisch zum Himmel.

Der Diener hatte mitgehört. „Sie wollen den Zug nach Dover bekommen? Wenn Sie hier quer übers Feld gehen, sind es zwei Meilen. Ehe ich Ihnen einen Wagen besorgt habe, sind Sie schon halb da."

Halb da genügte mir nicht, aber ich rechnete mir aus, dass ich es schaffen könnte. Vor allem, weil ich nur einen Koffer hatte und nicht drei. Wenn die Wirtin jetzt endlich die Rechnung... „Dann bekomme ich achtzehn Pfund."

Ich warf ihr zwanzig hin, griff mir meinen Koffer und stürmte hinaus. Der Hausdiener zeigte mir die Richtung. „Sehen Sie da hinten den Hügel? Die Richtung ist es. Die halbe Strecke ist Acker, der ist schon fürs Wintergetreide umgebrochen, dahinter kommt dann allerdings Wiese, da kommen Sie gut voran. Sie schaffen das schon."

„Danke." Ich hastete los. Zwei Meilen in jetzt noch dreiundvierzig Minuten. Über Stock und Stein. Erst Acker, dann Wiese, hatte er gesagt. Ich wich daher vom direkten Weg ab und bemühte mich, einen Umweg einzuschlagen, dessen größerer Teil mich nachher über die Wiese führte, damit ich nur ein entsprechend kürzeres Stück auf dem Acker bewältigen musste, auf dem ich langsamer vorankommen würde. Das war eigentlich ein wohl definiertes mathematisches Problem, aber gerade jetzt fehlte mir die Zeit, es in Ruhe mit Bleistift und Papier durchzurechnen, also improvisierte ich so gut es ging. Die Luft wurde mir knapp, das kam vermutlich vom Rauchen. Ich hätte Professor Röntgen bitten sollen, mit seinen Strahlen mal einen Blick in meine Lunge zu werfen.

Indem ich mich mit derart kurzweiligen Gedanken unterhielt, kam die Bahnstation in Sicht. Zugleich hörte ich aus der Ferne, irgendwo von links, den Pfiff einer Lokomotive. Ich versagte es mir, nach ihr Ausschau zu halten und legte statt dessen mit hängender Zunge einen Endspurt hin, der einem Alfred Shrubb zur Ehre gereicht hätte.

Als ich ankam, stiegen gerade die letzten Passagiere ein. Da ich noch eine Fahrkarte erwerben musste, wurde es trotzdem sehr eng. Der Stationsvorsteher war so freundlich, mit dem Abfahrtssignal eine Minute zu warten, als er bemerkte, dass da noch jemand kam. Und dann war ich drin, ließ meinen Koffer zu Boden und mich selbst in den nächsten freien Sitz fallen. Ungewaschen, ungekämmt, und jetzt auch noch durchgeschwitzt. Wobei ich jetzt nicht anders ausgesehen hätte, wäre ich zum Waschen und Kämmen am Morgen noch gekommen. Da ich auch *dazu* nicht gekommen war, suchte ich, nachdem ich wieder zu Atem gelangt war, die Toilette des Wagens auf. Erst auf dem Rückweg bemerkte ich Nora Atkins. Inmitten ihres Gepäckberges. Heute wieder in Hose und mit Zigarre. Sie blies einen Rauchring und musterte mich mit tadelndem Blick. „Sie haben Ihr Hemd schief zugeknöpft, Doktor Wood. Das sieht nicht gut aus, wissen Sie?"

„Nora Atkins", entgegnete ich betont. „Sie gehören übers Knie gelegt und verprügelt."

„Ja", sagte sie. „Darf ich noch aufrauchen? Dann stehe ich zu Ihrer Verfügung."

Sie konnte so verdammt süß gucken, dass es mir einfach nicht gelang, ihr dauerhaft böse zu sein.

*

Auf der Überfahrt nach Calais erklärte sie mir dann, dass sie davon geträumt habe, das Geheimnis der N-Strahlen im Alleingang zu lösen und ihrer Zeitung einen ganz exklusiven Bericht zu liefern. Deshalb hatte sie Blondlot allein interviewen und ihm erzählen wollen, ich sei nun doch verhindert. Ich verzieh ihr alles, und beim Umsteigen in Paris Est, als kein Dienstmann

117

aufzutreiben war, half ich ihr sogar beim Tragen ihres Gepäcks – wobei ich mir ausgesprochen dämlich vorkam.

Als wir in Nancy eintrafen, war es bereits dunkel, aber einige Gaslaternen brannten, und diesmal fanden wir auch einen Gepäckträger. Wir quartierten uns im Hôtel des Prélats ein, aus dem einfachen Grund, dass es gleich in der Nähe des Bahnhofs lag. Mein Wunsch nach zwei Einzelzimmern schien den Chef de Réception ziemlich zu irritieren, offenbar war er das nicht gewohnt – was mich wiederum zu Zweifeln an der Seriosität des Hauses veranlasste. Aber wir waren hier in Frankreich, da mochte das wohl normal sein. Jedenfalls konnte er den Wunsch erfüllen.

Kapitel 4

Am folgenden Nachmittag suchten wir Professor Blondlot in seinem Laboratorium auf. Sein Famulus beäugte uns misstrauisch, aber wir waren nun einmal mit dem Professor verabredet, und so ließ er uns ein. Blondlot selbst begrüßte uns sehr zuvorkommend, Mademoiselle Atkins sogar ganz galant mit einem Handkuss. Allerdings sprach er kein Wort englisch, und Nora Atkins verstand kein Französisch. Ihr Plan eines exklusiven Interviews wäre also spätestens an dieser Stelle ohnehin geplatzt.

Mein Französisch hielt ich für ganz annehmbar, aber ich verzichtete darauf es anzuwenden. Mochte Blondlot gerne glauben, dass ich nichts verstand, wenn er sich mit seinem Famulus unterhielt. So einigten wir uns auf das Deutsche als gemeinsame Sprache, was natürlich nicht einer gewissen Ironie entbehrte, wenn sich ein Franzose mit einem Amerikaner austauschte.

Professor Blondlot erläuterte uns seine Apparatur zur Erzeugung von N-Strahlen, einen durch einen Holzkasten abgeschirmten Platindraht, den er durch einen elektrischen Strom zum Glühen bringen konnte. In zwei Meter Entfernung war ein mit

118

Leuchtfarbe bestrichener Schirm angebracht. Blondlots Famulus schloss nun die Fensterläden, der Professor drehte das Gaslicht herunter, bis man kaum noch die Hand vor Augen sehen konnte, und behauptete, dass der Schirm unter dem Einfluss der N-Strahlen aufleuchte.

Nora und ich starrten auf den Schirm, und schließlich stellte die Journalistin fest, sie könne nichts erkennen. „Das kann daran liegen, dass Ihre Augen nicht empfindlich genug sind", meinte Blondlot. „Warten Sie noch, bis Sie sich an die Dunkelheit gewöhnt haben."

Er ließ sich von seinem Gehilfen eine Bleiplatte reichen und hielt diese in den Strahlengang. „Sehen Sie nicht, wie der Schirm verdunkelt wird, wenn ich das Blei vor den Strahler halte?"

Ich sah keinen Unterschied und bat ihn, die Bleiplatte bewegen zu dürfen, während er den Schirm beobachtete. In fast allen Fällen irrte er sich und gab Helligkeit an, obwohl ich die Platte in den Strahl hielt oder Dunkelheit, während ich den Strahl freigab. Ich kommentierte das allerdings nicht und ließ ihn in dem Glauben, die Demonstration habe mich überzeugt. Er drehte das Licht wieder auf.

„Sie erwähnten in Ihrer Veröffentlichung ein Spektrometer", hakte Nora Atkins nach, „möchten Sie uns das nicht einmal demonstrieren?"

„Aber gern, Mademoiselle, darauf wollte ich ohnehin gerade kommen. Wenn Sie uns ins Nachbarlabor begleiten mögen?"

Er führte uns in ein weiteres, größeres Laboratorium. Das besagte Spektrometer hatte bereits die Zweifel einiger Kritiker, darunter Professor Rubens, ins Wanken gebracht. Auf einer Art optischer Bank war wiederum eine Strahlenquelle angebracht, es folgte ein Spalt aus Blei, dann eine Linse und ein Prisma aus Aluminium. Da die Strahlen vom Prisma abgelenkt werden sollten, war der zweite Arm des Spektrometers um etwa dreißig Grad abgewinkelt,

119

dann folgte ein Schlitten, der mit einer Kurbel seitlich verschoben werden konnte und einen Holzstab mit Leuchtfarbe trug. Der Stab sollte offenbar wiederum das Auftreffen der N-Strahlen nachweisen, während man ihn mit der Kurbel durch den Strahlengang verschob. An der Kurbel war eine Skala angebracht, die das Ablesen der aktuellen Position erlaubte.

Ich hatte etwas Zweifel an der Logik der Apparatur, weil sich aus der 30-Grad-Ablenkung ein Brechungsindex ergab, der mir nicht zu der Dicke der Linse zu passen schien, aber ich konnte mich täuschen und nahm mir vor, es hinterher in Ruhe auszurechnen, ehe ich womöglich unbegründete Zweifel anmeldete.

Immerhin fragte ich den Franzosen, warum er diesen Stab verwendete, während doch ein Leuchtschirm das gesamte Spektrum auf einmal zeigen könnte. Etwas pikiert gab Blondlot zurück, der Stab habe sich eben als zweckmäßig erwiesen. Dann verdunkelte er wiederum den Raum und brachte das Platin zum Glühen. Er wies seinen Famulus an, die Kurbel langsam zu drehen, während er den Stab beobachtete. Wo eine Spektrallinie der N-Strahlung lag, sah er den Stab aufleuchten, und im Schein einer schwachen Dunkelkammerleuchte las er die Position an der Skala ab.

Das war nun in der Tat sehr überzeugend, aber ich beschloss, noch eine kleine Probe zu machen. Ich hatte Nora Atkins den Vortritt gelassen, was die Beobachtung des Leuchtstabs betraf, und so gelang es mir, hinter ihrem Rücken und unbemerkt von Blondlot, das Prisma aus seiner Halterung zu ziehen und in die Tasche zu stecken. „Gehen Sie das Spektrum noch einmal in der anderen Richtung durch", bat ich ihn dann. Sein Assistent kurbelte also in der Gegenrichtung, der Stab glitt auf seinem Schlitten zurück, und Blondlot las wieder an den gleichen Positionen wie zuvor die Spektrallinien ab.

„Faszinierend", bemerkte ich und schob das Prisma wieder an seinen Platz.

120

Der Assistent drehte das Licht auf und ging zu dem Prisma, wo er sehr genau dessen Position prüfte. Er hatte uns von Anfang an misstraut und schien etwas von meiner Manipulation zu ahnen. „Kann *ich* jetzt einmal die Linien ablesen?", bat er den Professor.

Dieser war einverstanden und gab an, seine Augen seien inzwischen ohnehin recht ermüdet. Das Spiel wiederholte sich also, nur dass jetzt Blondlot die Kurbel drehte und sein Famulus den Leuchtstab beobachtete. Ich schob mich wieder in Richtung des Prismas, rührte es diesmal aber nicht an.

„Da ist kein Spektrum", rief der Assistent plötzlich auf französisch. „Der Amerikaner muss etwas an der Apparatur verändert haben." Dann machte er Licht und kontrollierte das Spektrometer. Natürlich fand er nichts.

„Ich danke Ihnen für die Demonstration", erklärte ich höflich und deutete eine Verbeugung an.

Blondlot verabschiedete uns nichtsdestoweniger weitaus frostiger als er uns empfangen hatte.

*

Am Abend saßen Nora Atkins und ich zusammen in der Weinstube, die zu unserem Hotel gehörte. Natürlich hatte ich ihr gleich nach dem Verlassen von Blondlots Institut ‚gebeichtet', was ich mit dem Prisma angestellt hatte. Jetzt hatte sie ein Notizbuch auf den Tisch gelegt und kritzelte trotz der gedämpften Beleuchtung darin. „Ihre Reportage?", erkundigte ich mich.

„Meine Reportage." Sie schob den Bleistift zwischen die Seiten, legte ihre Zigarre im Aschenbecher ab und nahm einen kleinen Schluck von dem Rotwein, der vor ihr stand. „Fazit: Es gibt keine N-Strahlen."

Ich nickte. „Blondlot tut mir fast Leid. Er scheint tatsächlich an seine Entdeckung zu glauben."

121

Sie musterte mich streng. „Sie werden mir aber zustimmen, dass wissenschaftliche Erkenntnis nicht von Mitleid vorangetrieben wird, Doktor Wood." Ich konnte ihr nicht widersprechen. Und wollte es auch nicht.

„Haben Sie das hier gelesen?" In einer der Zeitungen, die in der Hotelhalle herumlagen, hatte ich etwas entdeckt, war aber noch nicht dazu gekommen, es Nora gegenüber zu erwähnen.

Sie warf einen flüchtigen Blick darauf. „Ich verstehe diese Sprache auch nicht, wenn sie gedruckt ist."

„Ach ja. Hier steht, dass die Französische Akademie der Wissenschaft Blondlot für seine Entdeckung mit dem Lalande-Preis auszeichnen will, der mit 20000 Franc dotiert ist."

Sie betrachtete den von ihrer Zigarre aufsteigenden Rauch, als verberge sich darin ein tiefes Geheimnis. „Peinlich", sagte sie.

„Der Preis?"

„Auch. Ich meine eigentlich die Formulierung, die mir gerade als Pointe für meinen Bericht eingefallen ist." Sie steckte die Brasil in den Mund, griff nach dem Bleistift und hielt scheints ihre Eingebung in ihrem Notizbuch fest.

„Darf ich sie hören?"

„Bitte: ,Welches peinliche Schauspiel bietet ein preisgekrönter französischer Wissenschaftler, wenn er die Position von Spektrallinien misst, während sich das Prisma in der Tasche seines amerikanischen Kollegen befindet?' Na, wie klingt das?"

„Vernichtend", musste ich zugeben.

Epilog

Der Rest ist rasch erzählt. Noras Bericht wurde in der ,New York Times' und in ,Nature' abgedruckt. Blondlot erhielt den Lalande-

122

Preis trotzdem, für sein Lebenswerk als Ganzes gesehen, wie es in der Laudatio hieß. Von den N-Strahlen habe ich danach nie wieder etwas gehört. Von Nora Atkins auch nicht; nach dieser Episode trennten sich unsere Wege unwiderruflich. Manchmal, wenn ich in Gedanken versunken bin, zieht meine Frau mich auf mit der Frage, ob ich wohl wieder von Nora träume. Tue ich das? Im Augenblick forsche ich über die von Chadwick entdeckten Neutronen. N wie Neutronen. N wie N-Strahlen. N wie Nancy. N wie Nora...

ৡৡ

Anmerkung: *Die Geschichte beruht auf einer wahren historischen Begebenheit, der vermeintlichen Entdeckung der „N-Strahlen" durch Professor Prosper-René Blondlot (Universität Nancy) im Jahre 1903 und deren Widerlegung durch Professor Robert Williams Wood (Johns Hopkins Universität in Baltimore) im Jahr darauf. Die Details der Handlung und insbesondere die Person der Nora Atkins sind jedoch frei erfunden.*

Credits: Woods eigenen Bericht von der Begegnung mit Blondlot fand ich in dem Buch „Kabinett physikalischer Raritäten" von R. L. Weber und E. Mendoza, Vieweg-Verlag, Braunschweig 1980.

Aufgaben:

1. Gehen Sie davon aus, dass zu einer Konferenz im Schnitt 4 von 6 Franzosen anwesend sind. Die Wahrscheinlichkeit für die Anwesenheit eines bestimmten Franzosen ist also $^4/_6 = {}^2/_3$.

Fünf Franzosen werden eingeladen, keiner kommt. Das legt den Verdacht nahe, dass das kein Zufall ist.

123

Die Hypothese H_0: „Der Mangel an Franzosen ist Zufall und keine Absicht" soll auf einem Signifikanzniveau von 5% getestet werden. Wie viele Franzosen müssten mindestens erscheinen, damit H_0 noch akzeptiert wird?

2. Der Weg querfeldein zum Bahnhof ist in direkter Linie 2 Meilen lang, führt gemäß Skizze aber zur Hälfte über eine Wiese, wo man mit 4 Meilen pro Stunde laufen kann, und zur Hälfte über Ackerland, wo man nur mit 2 Meilen pro Stunde vorankommt.

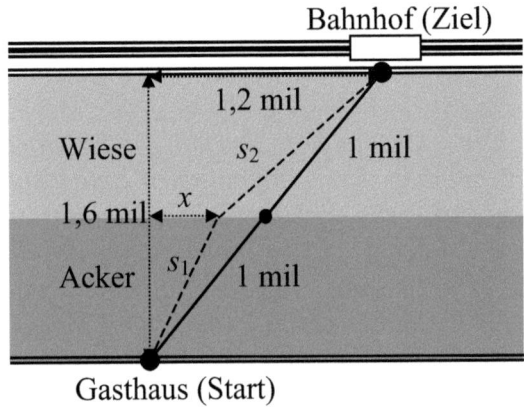

Der direkte Weg würde also eine Meile mit 2 mph (= $^1/_2$ Stunde = 30 Minuten) und eine Meile mit 4 mph (= $^1/_4$ Stunde = 15 Minuten) erfordern, insgesamt also 45 Minuten. Wood hat aber nur noch 43 Minuten Zeit.

Gesucht ist der „Umweg" s_1+s_2 (gestrichelt), der sich in der kürzest möglichen Zeit bewältigen lässt. Wie lang sind die Teilstrecken und wie lange braucht Wood auf diesem Weg bis zum Bahnhof?

Tipp: Stellen Sie eine Formel für die Zeit $t = t_1+t_2$ auf, wobei t_1 und t_2 die Zeiten zum Durchlaufen von s_1 und s_2 sind. Entnehmen Sie Formeln für s_1 und s_2 aus der Geometrie des Problems, nehmen Sie als Unbekannte x die Stelle des Übertritts zwischen Acker und Wiese. Sie haben dann eine Funktion $t(x)$. Bestimmen

124

Sie dann deren Minimum mit den bekannten Methoden. Die entstehende Gleichung können Sie mit Ihren Mitteln nicht analytisch lösen, es genügt eine Näherung (CAS oder Taschenrechner mit SOLVE-Funktion). Auf die Untersuchung von $t''(x)$ dürfen Sie verzichten.

3. Ein Strahl tritt durch ein Prisma in Gestalt eines gleichseitigen Dreiecks (alle Winkel 60°). Er wird durch die Brechung um insgesamt 30° abgelenkt, also um 15° beim Eintritt und noch einmal um 15° beim Austritt.

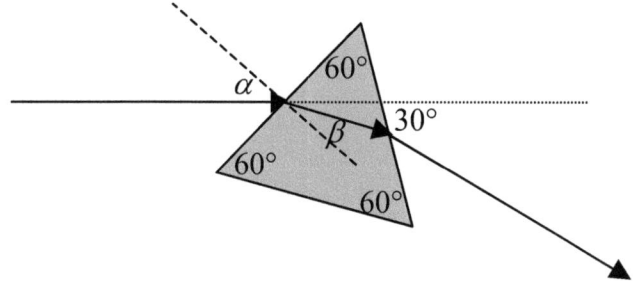

Bestimmen Sie hieraus den Eintrittswinkel α zwischen Lot und einfallendem Strahl und den Brechungswinkel β zwischen Lot und gebrochenem Strahl im Prisma. Innerhalb des Prismas verläuft der Strahl parallel zu einer Dreiecksseite, so dass der Austritt symmetrisch zum Eintritt erfolgt.

Der (relative) Brechungsindex n des Aluminiums für N-Strahlen wäre dann

$$n = \frac{\sin \alpha}{\sin \beta} \cdot$$

Bestimmen Sie n.

Die Ausbreitungsgeschwindigkeit der Strahlen im Aluminium wäre dann um den Faktor $\frac{1}{n}$ kleiner als in Luft.

4. Die Brennweite einer Linse ergibt sich daraus, dass die Randstrahlen den Brennpunkt gleichzeitig mit dem Mittelpunktsstrahl erreichen müssen, der zwar den kürzeren Weg hat, aber durch die Aluminiumschicht verzögert wurde.

Legen Sie den soeben berechneten Brechungsindex n zugrunde und berechnen Sie die Brennweite f der Linse mit folgenden Maßen:

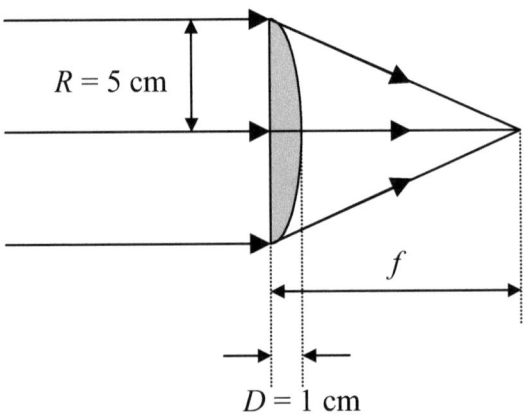

R ist der Linsenradius, D ist die Dicke der Linse in der Mitte.

Wood war der Ansicht, dass das Spektrometer für eine Linse mit dieser Brennweite zu lang war, weil sie die Strahlen bereits viel früher fokussieren müsste als erst am Ort des Leuchtstabs.

126

Die Maschine

Prolog

Ludger Frahms Handy klingelte. Nein, es klingelte natürlich nicht. Nur Nostalgiker und Avantgardisten benutzten noch eine Telefonklingel als Signalton. Es spielte die ersten Takte von ‚Totus floreo' aus Orffs ‚Carmina Burana'. Er blickte aufs Display, aber der Anrufer übertrug offenbar nicht seine Nummer. Nun, dann nicht. Kein Grund, womöglich einen potentiellen Klienten zu verpassen. Er seufzte und nahm das Gespräch an. „Frahm."

„Oh, Ludger, schön dass ich Sie gleich erreiche. Es ist etwas Merkwürdiges passiert. Können Sie heute noch in meinen Laden kommen?" Eine weibliche Stimme, die er schon einmal gehört zu haben glaubte. Sie klang aufgeregt, wenn auch nicht panikerfüllt. Für einen Privatdetektiv war es recht hilfreich, so etwas gleich herauszuhören. Da sie ihn mit dem Vornamen ansprach, müsste er sie eigentlich kennen. Aber es rastete irgendwie nicht ein.

„Mit wem spreche ich?"

„Brossmann. Rita Brossmann." Richtig. Brossmann wie Drogerie, nur mit ‚B', so hatte sie sich damals vorgestellt. Das war die mit dieser merkwürdigen Erbschaft, vor etwa einem halben Jahr.

„Ach ja. Und was genau ist passiert?"

„Die Maschine! Die Maschine ist stehen geblieben."

Es kam vor, dass Maschinen stehen blieben. Nun war er kein Mechaniker, der stehen gebliebene Maschinen wieder zum Laufen brachte. Aber wenn es *die* Maschine war, von der sie sprach, dann widersprach das immerhin dem Geist dieser Maschine. Oder dem Geist, den der Erfinder in sie hineingelegt hatte.

„*Die* Maschine?", vergewisserte er sich.

„Ja. Können Sie sich vorstellen, was das bedeutet?"

127

Konnte er nicht. „Sie werden es mir sagen."

„Viele meiner Kunden kommen eigens in meinen Laden, um die Maschine zu sehen. Sie meditieren eine Weile davor, und dann kaufen sie meistens auch etwas. Mein Geschäft..."

„...läuft schlechter, weil die Maschine stehen geblieben ist?"

„Genau. Also, können Sie kommen?" Was hatte er erwartet? Es ging ums Geld. Es ging immer ums Geld. Aber Rita Brossmann besaß, noch von damals, seine grundsätzliche Sympathie.

„Glauben Sie, die Maschine läuft weiter, wenn sie mich sieht?"

„Ludger! Seien Sie nicht so herzlos. Nach allem, was wir mit diesem Ding erlebt haben."

„Na schön, ich komme."

„Danke. Vielen, vielen Dank."

Frahm warf einen kritischen Blick in den Spiegel, ob er einer Rita Brossmann so gegenübertreten konnte. Ja, konnte er. Die Jeans sah zwar absolut schäbig aus, aber das trug man heute so. Halstuch, Jackett und Oberhemd waren tadellos. Dreitagebart, die Frisur leicht verwildert, das kam bei Damen gut an. Nicht, dass er sich Hoffnungen machte, aber er machte sich auf den Weg.

Er hätte jetzt sein Auto aus der Tiefgarage holen können, entschied sich jedoch für die Straßenbahn. Seine Klienten konnten ihn auf dem Handy erreichen, und am Lenkrad zu telefonieren war ohnehin verboten. Unterwegs entfalteten sich allmählich wieder die damaligen Geschehnisse vor seinem inneren Auge.

Kapitel 1

Vor knapp einem halben Jahr hatte sie sich erstmals an ihn gewandt. Irgendwie hatte sie ihm gefallen, ein zierliches Persönchen mit knabenhaft flacher Statur, ein schwarzhaariger

128

Bubikopf. Sie erinnerte ihn an einen Kobold aus dem Märchenbuch, und Kobolde hatte er immer gemocht.

Wie es aussah, hatte sie eine Erbschaft gemacht, von ihrem Großvater väterlicherseits. Sie hatte ihm ein Bild des Großvaters gezeigt, ein schmächtiges Männlein mit einem verschmitzten Gesichtsausdruck und einem Ziegenbärtchen. ‚Opa' Brossmann war ein skurriler Mensch gewesen, der in einem Haus am Stadtrand gewohnt und seine Zeit mit Erfindungen verbracht hatte. Mit skurrilen Erfindungen. Ein Zollstock mit rückläufiger Skala (den man am besten über Kopf an der Zimmerdecke gebrauchen konnte) gehörte dazu, ein Kugelschreiber mit eingebautem Notizblock (auf dem man mit dem Kugelschreiber natürlich ebenso wenig schreiben konnte, wie es einem gelang, sich mit der rechten Hand am rechten Ellenbogen zu kratzen), ein Laubabweiser für Dachrinnen (von dem man regelmäßig das Laub entfernen musste, weil er sonst auch zum Regenabweiser geworden wäre). Das sah nicht aus, als ob seine Erfindungen ihn ernährt hätten, und daher war Rita an der Frage interessiert gewesen, ob sie da nicht nur einen Haufen Schulden erben würde. Zur Klärung dieser Frage hatte sie ihn als Privatdetektiv angeheuert.

Bei den Recherchen war er auf einen Stammtischbruder Brossmanns gestoßen, einen Herrn Klaproth, der gleichzeitig auch bei ihm als Gärtner gearbeitet hatte. Wie es schien, verband die beiden dieser Hang zum Skurrilen; Klaproth befasste sich mit Zauberkunststücken und berichtete, wie auch Brossmann die Stammtischrunde gern mit ein paar Taschenspielertricks beeindruckt hatte. In diesem Punkt waren sie wohl Brüder im Geiste gewesen. Über die Erfindungen des alten Herrn wusste Klaproth leider nichts Genaues, Brossmann habe zwar am Stammtisch immer mal ein paar Andeutungen gemacht, ansonsten aber recht geheimnisvoll getan. Allerdings habe er mit mindestens einer seiner Entwicklungen richtig Geld verdient, einem elektronischen Gleichgewichtsorgan für Roboter auf der Basis von Fuzzy-Logik. Davon hatte er immer wieder geschwärmt.

129

Auch die restlichen Recherchen hatten nichts Negatives ergeben. Das Häuschen war tadellos in Schuss, der Garten, dank Klaproth, sehr gepflegt. Pünktliche Lohnzahlung, auch nach dem Ableben des alten Herrn, war durch Bankauftrag über den Tod hinaus sichergestellt. In der Kneipe, im Tabakladen, beim Kaufmann war Opa Brossmann als etwas merkwürdiger aber sympathischer alter Herr bekannt. Der immer bar bezahlt hatte.

Rita hatte die Erbschaft angenommen. Da ihre Eltern nicht mehr lebten, gehörte ihr jetzt das Haus des Großvaters mit allem was drin war. Unten wollte sie einen Laden aufmachen; unter dem Dach, wo Opas Werkstatt gewesen war, wollte sie wohnen.

Ludger Frahms Auftrag war damit erledigt gewesen; im Geiste hatte er die Akte geschlossen, eine unter vielen.

*

Etwa zwei Wochen später hatte sie wieder vor seiner Tür gestanden, etwas ‚durch den Wind‘, wie man so sagte. „Ludger, Sie müssen mir helfen!“

„Das habe ich doch gerade. Ist nun doch etwas nicht in Ordnung mir Ihrer Erbschaft?“

„Ja. Nein. Ich weiß gar nicht, wo ich anfangen soll.“

„Nun mal ganz ruhig. Brauchen Sie einen Schnaps?“

Sie schüttelte den Kopf. Dann begann sie, stockend, zu erzählen. „Gestern waren zwei Männer da. Sie sagten, sie hätten gehört, dass ich den Nachlass meines Großvaters auflöse. Keine Ahnung, woher sie das haben. Jedenfalls boten sie mir einen Hunderter dafür, wenn ich ihnen den technischen Krempel überlasse. Auf dem Schrottplatz bekäme ich nur einen Bruchteil davon, sagten sie. Und ich sollte mich bald entscheiden, weil sie das Angebot nicht lange aufrecht erhalten könnten.“

„Na ja, das ist nicht ungewöhnlich. An meinem Auto finde ich auch immer mal ein Kärtchen ‚Wir kaufen Ihr Altfahrzeug auf‘.

130

Ich frage mich dann zwar immer, welchen vergammelten Eindruck mein Wagen wohl machen muss, aber..."

„Ihr Auto ist wenigstens zu sehen. Aber woher wissen die..."

„In der Tat, das ist merkwürdig. Was haben Sie ihnen gesagt?"

„Ich sagte, ich überlege mir das, aber ich will den Krempel erst einmal selbst sichten. Und sie sollen sich noch mal melden."

„Gut. Und haben Sie den ‚Krempel' inzwischen gesichtet?"

„Na ja, soweit das an einem Nachmittag möglich war. Da steht eine riesige komplizierte Maschine mit vielen Zahnrädern. Und ein Computer, ein uraltes Modell. Ach ja, und ein Tresor. So ein kleiner, wissen Sie, in die Wand eingebaut."

„Kann es sein, dass die Herren Schrottsammler darin etwas Wertvolles vermuten? Wissen Sie, was drin ist?"

„Nein. Ich kenne den Code nicht."

„Das ist aber nicht nett von Ihrem Opa, dass er Ihnen den nicht verraten hat", schmunzelte Ludger Frahm.

„Neben der Computertastatur lag ein Umschlag. Opas Handschrift, an mich adressiert. Ich dachte, da könnte der Code drin sein. Aber da war nur das hier." Sie reichte ihm einen Zettel.

	4			6		5	3	
				7	3			8
6		9						
	1	6					9	7
		4	7	1	6	3		
8	7					6	2	
						8		9
2			5	8				
	8	1		9			7	

„Ein Sudoku? Mehr nicht? Vielleicht ist es ein letzter Zaubertrick Ihres Großvaters, und der Code ist darin versteckt?"

„Das dachte ich auch erst. Aber so viele Ziffern hat das Schloss gar nicht. Ich habe dann den Computer eingeschaltet. Aber der verlangt auch ein Passwort. Nein, die Ziffern aus dem Sudoku sind auch nicht das Passwort für den Computer. Jedenfalls nicht in dieser Reihenfolge. Weder quer noch hochkant."

„Vielleicht sollte man das Sudoku einfach mal lösen."

„Ich hab's nicht so mit diesen Rätseln."

„Ich bin darin ganz gut." Frahm überlegte sich, dass er das Original besser nicht beschädigen sollte, legte es daher auf seinen Kopierer und zog ein Duplikat. Dann griff er sich einen Kugelschreiber und begann das Raster auszufüllen. Andere nahmen dafür einen Bleistift, um notfalls radieren zu können. Er machte es immer mit Kugelschreiber; seine Lösungen waren normalerweise gleich richtig. Diesmal allerdings...

„Das ist merkwürdig."

„Was ist merkwürdig?"

„Dieses Sudoku geht nicht auf."

„Oder Sie haben sich geirrt."

„Na schön, ich will das nicht ausschließen. Es gibt im Internet Programme, die Sudokus lösen. Ich probier's mal damit."

Er klappte sein Notebook auf, suchte sich einen Sudoku-Solver und gab das Rätsel ein. Und erhielt eine Lösung. Stirnrunzelnd verglich er sie mit seinem Raster. „Komisch", sagte er. Dann versuchte er es noch einmal.

„Das Sudoku ist regelwidrig", stellte er schließlich fest. Dann notierte er zwei Ziffernfolgen auf dem Zettel und reichte ihn Rita. „Eine davon könnte das Passwort sein. Fahren Sie nach Hause und probieren Sie es aus."

132

„Ich weiß nicht. Die beiden Männer waren vorhin wieder da und wurden etwas drängender. Ob ich nun eine Entscheidung getroffen hätte. Und es sei wirklich besser für mich, ihnen den Kram zu verkaufen. Vielleicht habe ich dann einen Fehler gemacht; ich sagte, ich weiß nicht, was in dem Tresor ist, und deswegen kann ich den nicht für einen Hunderter hergeben. Womöglich habe ich sie dadurch überhaupt erst auf das Ding aufmerksam gemacht. Sie beeilten sich zu betonen, um den Safe gehe es nicht und den könne ich gern behalten. Jetzt weiß ich nicht, was ich machen soll."

„Die sind offenbar auf irgendetwas aus dem Nachlass scharf."

„Ja. Und ich habe sie noch mal vertröstet. Was, wenn die bei mir einbrechen?"

„Dann sind Sie den Schrott los."

„Sehr witzig. Meinen Sie, ich sollte die Polizei anrufen?"

„Um ihr *was* zu erzählen? Dass bei Ihnen *vielleicht* irgendwann eingebrochen wird? Die schicken Sie zum Arzt. Aber wenn es Sie beruhigt, fahre ich hin und sehe mir das an. Falls Sie mir den Hausschlüssel anvertrauen mögen."

Rita Brossmann gab ihn ohne zu zögern heraus.

„Gut. Sie warten hier, und ich rufe Sie dann von dort aus an. Sie dürfen unterdessen gern meine Kaffeemaschine benutzen."

Kapitel 2

Das Haus kannte Frahm noch von den damaligen Recherchen. Ein weißer Lieferwagen ohne Firmenaufschrift stand davor. Das musste natürlich nichts bedeuten, mahnte ihn aber doch zur Vorsicht. Unwillkürlich tastete er nach seiner Waffe.

Der Rasenmäher knatterte, Klaproth mähte die Auffahrt.

„Tag, Herr Klaproth. Ist jemand im Haus?"

133

„Hä?" Der Mann stellte den Motor ab und streifte den Gehörschutz von den Ohren.

„Ob Sie jemanden gesehen haben, der im Haus ist."

„Keine Ahnung. Ich habe hinten gemäht, bin eben erst nach hier vorne gekommen. Wieso? Ist was?"

„Schon gut."

Der Gärtner zuckte mit den Schultern und riss den Motor des Mähers wieder an.

Den Schlüssel brauchte Frahm nicht, die Tür stand offen. Als er das Treppenhaus betrat, hörte er von weiter oben ein Rumpeln und Poltern, dazu Stimmen. Jetzt konnte er der Polizei zweifellos einen Tatsächlich-Einbruch vorweisen und nicht nur einen Vielleicht-Einbruch. Er zog seine Pistole und stieg die schmale Bodentreppe hoch.

Ein Mensch im Blaumann stand mit dem Rücken zu ihm und versuchte einen sperrigen Apparat durch die Tür zu bugsieren. Ein zweiter war zwar nicht zu sehen, stand aber offenkundig auf der anderen Seite sowohl der Tür als auch der sperrigen Last.

„Kann ich Ihnen behilflich sein, meine Herren?"

Der Mann erschrak, ließ aber seine Last nicht los. „Merde!"

„Was ist?", brüllte der Unsichtbare auf der anderen Seite der Tür.

Frahm lächelte und hob die Pistole. „Bleibt einfach so stehen, Jungs. Ihr braucht die Hände auch nicht hoch zu nehmen."

Mit der freien Hand griff er nach dem Handy in seiner Tasche. Im nächsten Moment spürte er einen Schlag von hinten gegen den Hals. Dann schwanden ihm die Sinne und er ging zu Boden.

*

Er erwachte, als er in seiner Tasche ein Vibrieren fühlte und die Melodie ,Totus floreo' erklang. Das Handy klingelte. Reflexartig

134

wollte er danach greifen, konnte es aber nicht. Daraufhin klärten sich seine Sinne so weit, dass er sich seiner Lage bewusst wurde: er saß in einer Stube auf einem Stuhl und war gefesselt und geknebelt. Er begriff, dass er offenbar einen dritten Mann übersehen hatte. Inzwischen dürften die Einbrecher auf und davon sein. Der Rasenmäher war nicht mehr zu hören, also musste einige Zeit vergangen sein.

Ein heftiges Rumpeln aus dem Obergeschoss belehrte ihn eines Besseren. Sie waren immer noch da und mit dem Ausräumen der Werkstatt noch lange nicht fertig. Das Handy verstummte. Dafür konnte er jetzt durch die offene Tür zum Treppenhaus die Stimmen der Männer vernehmen, die dort oben scheints Probleme hatten.

„Da hochheben. So, und jetzt um die Ecke."

„Halt, du Idiot, meine Hand ist noch dazwischen."

„Dann nimm sie weg."

„Dann fällt das Teil runter."

„Du bist doch zu dumm zu allem! Wir müssten längst weg sein."

„Dieser Schnüffler ist doch sicher verwahrt."

„Okay. Also noch mal zurück. Jetzt nach links kippen."

„Dann komm ich oben nicht durch, du Pfeife!"

„Ich krieg 'ne Krise!"

„Ich sag' dir, das hat keinen Zweck. Das Ding passt nicht durch die Tür."

„Es ist ja auch reingekommen."

„Und wenn der Alte es hier erst zusammengebaut hat?"

„Zehntausend Mäuse! Ist dir klar, dass uns zehntausend Mäuse durch die Lappen gehen?"

135

„Komm schon. Es geht um diese Zeitmaschine. Aber die Konstruktionspläne sind so gut wie das Original. Wir lassen das Ding hier und nehmen nur den Safe mit. Da sind die Pläne vermutlich drin."

„Ja. Vielleicht. Vielleicht sind sie auch in dem Computer gespeichert."

„Dann nehmen wir den eben auch mit. Hol trotzdem mal die Brechstange aus dem Wagen, dass wir den Safe aus der Wand hebeln."

Den Geräuschen nach zu urteilen, gaben sie tatsächlich ihre Anstrengungen auf, dieses sperrige Gerät durch die Tür zu bekommen. Jemand kam die Treppe herunter, zweifellos um das Werkzeug zu holen.

Das Handy klingelte erneut. Rita, vermutlich. Frahm verstärkte seine Bemühungen, sich zu befreien, aber es war vergeblich.

Draußen klappte die Wagentür. Zeitmaschine, hatte er gesagt. Zumindest hatte Frahm das verstanden. Hatte Ritas Großvater tatsächlich an einer Zeitmaschine gearbeitet? Absurd. Das war Science Fiction, das gab es bestenfalls im Film. Aber die Idee, dass es so etwas geben könnte, war ohne Frage ein Grund für zwielichtige Gestalten, die Hinterlassenschaften dieses skurrilen Erfinders zu plündern.

Die Geräusche, die nun von oben erklangen, ließen vermuten, dass sie mit dem Ausbau des Tresors begonnen hatten.

Kapitel 3

Der Klang eines Martinshorns näherte sich. Frahm nahm es mit einer gewissen Erleichterung zur Kenntnis. Vielleicht war es Zufall und nur ein vorbeifahrendes Einsatzfahrzeug, aber es würde auf jeden Fall die Einbrecher nervös machen. Nein, der Wagen hielt

136

vor dem Haus. Vermutlich hatte Rita die Ordnungshüter alarmiert, weil sie ihn auf dem Handy nicht erreicht hatte.

„Merde, die Bullen!"

„Los, hinten aus dem Dachfenster raus!"

Eilige Schritte im Obergeschoss verrieten, dass die Männer die Flucht ergriffen. Die Polizisten waren rücksichtsvoller. Obwohl die Tür offen stand, klingelten sie höflich. „Ist hier jemand?"

Demnach war Rita doch nicht überzeugend genug gewesen. Die Polizei erwartete nicht wirklich eine Straftat, sie sah nur einmal nach dem Rechten. Der guten Ordnung halber. Frahm kannte das. Einmal hatte er wegen eines Feuers den Notruf gewählt, woraufhin erst einmal ein Streifenwagen gekommen war, um sich zu überzeugen, ob es auch wirklich brannte.

„Da hinten türmen welche!", rief jetzt der eine Beamte. „Hey, Sie da! Stehen bleiben, Polizei!"

Der Ruf zeitigte offenkundig keinen Erfolg, jedenfalls begannen die Polizisten ebenfalls zu rennen. Auf dem frisch gemähten Rasen verklangen ihre Schritte rasch. Und Frahm saß immer noch gefesselt in der Stube.

„Ludger! Na, das ist Ihnen ja gut gelungen. Alles in Ordnung bei Ihnen?" Rita war zur Tür hereingekommen.

Antworten konnte er leider nicht. Sie eilte zu einer Kommode, zog eine Schublade auf und kam mit einem Messer wieder. Sie schüttelte vorwurfsvoll den Kopf, während sie ihn befreite. „Im Film passiert so etwas immer nur den Mädchen. Und dann kommt der starke Held und rettet sie. Ich hoffe, Sie nehmen mir den Rollentausch nicht übel?"

Frahm rieb sich die Handgelenke und sammelte einen Rest Taschentuch aus seinem Mund. „Danke. Hatten Sie davon gewusst, dass Ihr Großvater an einer Zeitmaschine gearbeitet hat?"

137

„Zeitmaschine?"

„Jedenfalls entnahm ich das der Unterhaltung der Kerle. Wie es scheint, haben sie das Ding nicht durch die Tür bekommen. Nur deswegen waren sie noch hier."

Die Polizisten kehrten zurück. Mit leeren Händen. Die Einbrecher waren ihnen entkommen. „Und wer sind Sie?"

„Frahm. Ludger Frahm. Privatdetektiv."

„Ich hatte ihn beauftragt, hier nach dem Rechten zu sehen", erläuterte Rita. „Aber die haben ihn überwältigt und gefesselt."

Der Polizist betrachtete missbilligend die am Boden liegenden Reste der Fesseln. „Das wird der Spurensicherung aber gar nicht gefallen."

„Was?", erkundigte sich Rita arglos.

„Dass Sie die Stricke durchgeschnitten haben. Haben Sie sonst noch etwas angefasst?"

„Ja. Das Küchenmesser."

„Aber die Einbrecher waren ohnehin im Dachgeschoss zu Gange. Da können Sie Spuren sichern ohne Ende", tröstete Frahm die Ordnungshüter.

„Aber bringen Sie nicht noch mehr Unordnung rein!", mahnte Rita. „Ich hatte gestern gerade erst angefangen aufzuräumen."

Draußen sprang ein Dieselmotor an, dann fuhr ein Wagen weg. Die Polizisten sahen sich alarmiert an. „Was war das?"

„Der dritte Mann", vermutete Frahm. „Der, der mich von hinten niedergeschlagen hat."

Der Ordnungshüter wandte sich an Rita, einen gewissen Vorwurf in der Stimme. „Sie hatten nicht gesagt, dass es drei sind."

„Ich hatte nicht gewusst, dass es drei sind. Ich hatte nur mit zweien zu tun."

„Haben wir das Kennzeichen des Wagens?" Er blickte auf seinen Kollegen. Aber der schüttelte nur den Kopf. Nein, keiner von ihnen hatte auf die Nummer des Lieferwagens geachtet.

Pat und Patachon, dachte Frahm und lächelte sparsam. „Aber ich habe es mir gemerkt."

Kapitel 4

Zwei Stunden später war Frahm wieder mit seiner Klientin allein. Die Spurensicherung war da gewesen und hatte alles ausgemessen und fotografiert, einschließlich der auf dem Rasen vage erkennbaren Spuren der Geflüchteten, hatte Fingerabdrücke gesammelt, während Rita und Ludger ihre Erlebnisse zu Protokoll gegeben hatten. Dankenswerterweise hatte sich dabei unter der Treppe auch Frahms Pistole wieder angefunden. Waffenschein? Ja, konnte er vorweisen. Ob Rita etwas vermisste? Auf den ersten Blick nicht, aber sie hatte sich ja kaum lange genug mit den Hinterlassenschaften ihres Großvaters vertraut machen können.

Die Maschine stand halb in der Tür, so wie die Einbrecher sie zurückgelassen hatten. Die Wand neben dem Safe war beschädigt, aber losbekommen hatten sie ihn nicht mehr. Und der Computer war auch noch da. „Na wunderbar", kommentierte Rita. „Die Freunde und Helfer hätten wenigstens noch freundlich helfen können, das Teil wieder hineinzutragen, damit ich die Tür zu bekomme."

„Das kriegen wir schon hin." Frahm versuchte, das Gerät anzuheben, mit Mühe gelang es ihm auf der einen Seite. „So wird das nichts. Rita, da drüben liegt ein Metallrohr. Ich hebe hier hoch und Sie schieben das Rohr unter die Maschine. Dann können wir sie rollen."

Schwitzend bugsierten sie den riesigen Kasten wieder in die Werkstatt. „Puh!" Ludger Frahm ließ sich auf einen Stuhl sinken.

„Darf ich Ihnen mein Fitness-Studio empfehlen? Die haben auch Kurse für Männer."

„Dann frage ich mich, warum Sie das Ding nicht selbst wieder reingeworfen haben, Supergirl."

Sie grinste. „Ich trainiere noch nicht in der Helden-Liga."

Frahm nahm sich jetzt die Muße, die Maschine genauer zu betrachten. „Das soll also die legendäre Zeitmaschine sein? Sie sieht eigentlich nur aus wie ein großes Getriebe."

„Davon verstehe ich nichts."

„Ich auch nicht. Aber da ist ein Kabel dran, mit einem normalen Schukostecker. Man kann es also an Strom anschließen. Ich schlage vor, wir probieren es aus. Dann sehen wir auch gleich, ob es bei dieser ganzen Aktion beschädigt wurde."

„Meinen Sie, das ist eine gute Idee?"

„Was befürchten Sie? Dass es tatsächlich eine Zeitmaschine ist und uns in die Steinzeit katapultiert?"

„Ich weiß nicht. Schade, dass es keine Gebrauchsanweisung gibt."

„Die beiden netten Herren vermuteten die ja im Safe oder im Computer. Das Passwort für den Computer haben wir immerhin – falls es in dem Sudoku verschlüsselt war."

„Probieren wir's aus", schlug Rita vor und schaltete den Rechner ein. Es war ein betagtes Modell, was immerhin den Vorteil hatte, dass das Hochfahren ziemlich zügig ging.

‚Enter Password'. Frahm gab die erste der beiden Ziffernfolgen ein, die er aus dem Rätsel abgeleitet hatte. Sie wurde akzeptiert.

„Für eine gewisse Dramatik hätte es eigentlich erst die zweite sein dürfen", meinte Rita.

140

„Mein Bedarf an Dramatik ist für heute gedeckt."

Worin sie ihm zustimmte. Ludger Frahm blätterte sich durch die Ordner, die es auf dem Rechner gab. Es war etwas ungewohnt, weil dieses historische Betriebssystem nur maximal acht Buchstaben für einen Namen zuließ.

Seine Klientin hatte sich einen zweiten Stuhl herangezogen und sah ihm dabei zu. Plötzlich zeigte sie auf einen Unterordner namens ‚ETRNMCHN'. „Da! Das könnte ‚Eternity Machine' bedeuten!"

„Ewigkeitsmaschine? Na, warum auch nicht?"

Er öffnete den Ordner, fand mehrere Text- und Grafikdateien und wählte auf gut Glück eine davon. Sie erwies sich als Explosionszeichnung einer Getriebestufe. „Das passt zu der Maschine da hinten."

Nachdem er sich mehrere Dateien angesehen hatte, lehnte Frahm sich zurück. „Es ist wirklich ein Getriebe. Ein Motor treibt das erste Rad an, und ab da wird die Drehzahl stufenweise um den Faktor fünfzig verringert. Wenn Sie wollen, können wir das Ding jetzt einschalten. In die Steinzeit kommt man damit sicherlich nicht."

Da Rita Brossmann nicht widersprach, suchte sich Ludger Frahm eine Steckdose und schob das Kabel hinein. Mit leisem Schnurren begann ein Elektromotor zu rotieren. Sein Ritzel griff in ein Zahnrad, dieses drehte ein Schneckenrad, dieses drehte ein Zahnrad, dieses ein Schneckenrad ... insgesamt zwölf Stufen. Das erste Rad rotierte recht emsig, das nächste erheblich langsamer, das folgende kaum noch erkennbar. An jedem Rad war einer der Zähne mit einem Farbpunkt markiert, so dass man die Rotation gut verfolgen konnte.

„Wenn man es genau nimmt", resümierte der Detektiv, „ist es eigentlich so etwas wie eine Uhr. Statt Sekunden- und Minuten-

und Stundenzeiger rotieren hier Zahnräder. Aus der Stellung der Farbpunkte könnte man sogar die Uhrzeit rekonstruieren."

Rita Brossmann nickte. „Aber es geht dann mit Tagen und Monaten weiter."

„Und mit Jahren, Jahrzehnten und Jahrhunderten."

„Wie lange mag es dauern, bis sich das letzte Rad einmal gedreht hat?"

„Äonen. Sie können es ja mal ausrechnen. Das ist wahrlich eine Ewigkeitsmaschine."

„Ich könnte mir vorstellen, dass Opa am Stammtisch ein paar Bemerkungen darüber hat fallen lassen. Und jemand hat das in den falschen Hals bekommen und eine Zeitmaschine daraus gemacht." Rita kicherte. „Die hätten ganz schön große Augen bekommen, wenn sie das Ding tatsächlich mitgenommen hätten."

„Damit ist dieses Rätsel also gelöst."

„Aber eigentlich dürfte sich die Maschine doch gar nicht bewegen. Sehen Sie mal, das allerletzte Zahnrad kann sich gar nicht drehen, es ist am Rahmen festgeschraubt."

„Ihr Opa war zweifellos ein skurriler Scherzkeks. Jedes Zahnrad hat ein wenig Spiel. Die Maschine dreht sich in diesen Spielraum hinein. Erst wenn der ausgeschöpft ist, blockiert das Getriebe."

„Und was passiert dann?"

„Das wird nicht passieren, weil die Erde gar nicht so lange bestehen wird. Sollten wir uns darüber Gedanken machen?"

Rita wirkte auf einmal nachdenklich. „Sorge nicht für morgen, jeder Tag hat seine eigene Last", sagte sie. „Steht in der Bergpredigt."

„Sie können die Bibel auswendig?"

„Dafür verstehe ich nichts von Getrieben."

142

„Steht da nicht auch, man soll auf der Erde keine Schätze horten?"

„Steht da. Warum fragen Sie?"

„Weil es Sie dann nicht sonderlich belasten dürfte, dass Sie für den Safe keinen Schlüssel haben."

„Ich vermute, Sie werden mir trotzdem eine Rechnung schicken für Ihre Bemühungen?"

„Werde ich. Aber meine Befreiung durch Supergirl ziehe ich davon ab", lächelte er.

*

Anhand des Kennzeichens war die Bande anlässlich einer Verkehrskontrolle dann doch erwischt worden. Sie kam gerade von einem Einbruch in eine Kunstgalerie und hatte den Wagen voll mit Bildern zeitgenössischer Maler. Die Zeitung berichtete davon und kommentierte süffisant, dass der Wert der sichergestellten Kunstwerke nicht zu beziffern sei, da sich dieser erfahrungsgemäß erst nach dem Tod des Künstlers herausstelle.

Frahm nahm es mit Erleichterung zur Kenntnis, auch weil seine – nunmehr ehemalige – Klientin daraufhin nicht mehr mit einem erneuten Einbruch rechnen musste. Allerdings war nur von zwei Verhafteten die Rede. Hatte es nicht noch einen dritten gegeben?

Kapitel 5

Frahm stieg aus der Straßenbahn und steuerte das Häuschen an, das nun Rita Brossmann gehörte. Es hatte sich seit damals ein wenig verändert; vor allem gab es über dem Eingang ein buntes Schild: ‚Ritas Stübchen. Geschenkideen und mehr'.

Im Vorgarten standen diverse Skulpturen aus verrostetem Blech, was den Detektiv daran erinnerte, dass Rostobjekte sich derzeit großer Beliebtheit erfreuten. Und daran, dass sein Wagen im nächsten Monat zum TÜV musste.

Die ehemalige Wohnstube war nicht mehr zu erkennen. Regale an den Wänden präsentierten Postkarten, bedruckte Tassen, Keramikfiguren, Seidenblumen, Mobiles, diverse Teemischungen (mit hübschen Namen wie ‚Frühlingsmelodie', ‚Sommerfrische', ‚Herbstnebel' und ‚Winterzauber', jeweils in zarten Farbtönen, die so gut harmonierten, dass ein potentieller Kunde auf jeden Fall alle vier kaufen würde). Daneben gab es weitere Dinge, für die Frahm nicht einmal eine Bezeichnung gewusst hätte. Sie stellten vermutlich das ‚mehr' aus dem Firmenschild dar. An der Seite gab es einen kleinen Tresen mit einer Ladenkasse. Beherrscht wurde der Raum allerdings von einer riesigen Maschine, die in der Mitte stand. *Der* Maschine.

„Hallo Ludger. Schön, dass Sie kommen konnten." Rita kam hinter ihrer Kasse hervor und reichte ihm die Hand.

„Hallo Rita. Lange nicht gesehen", lächelte Frahm. „Befriedigen Sie meine Neugierde: Wie haben Sie dieses Ungetüm von oben hier herunter bekommen?"

„Durchs Fenster. Ich habe einen mobilen Kran gemietet."

„Das kann nicht billig gewesen sein. Haben Sie den Safe doch noch geknackt?"

Sie schüttelte den Kopf. „Leider nicht. Aber Opa hat mir ein recht gut gefülltes Bankkonto hinterlassen. Sonst hätte ich weder die Erbschaftssteuer bezahlen noch den Laden einrichten können."

„Ich muss wohl noch einmal über meine Rechnung nachdenken. Und die Maschine ist stehen geblieben, sagen Sie."

Er betrachtete das Ungetüm. In der Tat, der Motor stand, obwohl ein Kabel zur Steckdose führte. „Dabei kann die Ewigkeit doch eigentlich noch nicht abgelaufen sein."

„Ja. Den Spruch habe ich mir von einigen Kunden auch schon anhören müssen. Wissen Sie, es war schon irgendwie faszinierend, diese Maschine zu betrachten. Man sieht die ersten Räder rotieren,

144

schnell, langsam, noch langsamer. Man kommt ins Grübeln. Welches Rad wird sich zu meinen Lebzeiten noch ganz gedreht haben? Welches, wenn meine Urenkel hier stehen? Welches, wenn die Sonne erlischt? Man stellt sich vor, wie diese Maschine Weltreiche entstehen und vergehen sieht und bekommt einen Hauch der Unendlichkeit zu spüren."

„Und nun hat die Endlichkeit die Maschine eingeholt." Frahm kniete sich hin und betrachtete den Motor und die elektrische Zuleitung. Das war nicht sein Fachgebiet, aber... „Ist Ihnen aufgefallen, dass das Kabel hier unten durch dieses Relais geleitet wird?"

„Und das heißt?"

„Der Strom lässt sich von hier aus abschalten. Und hier sind Magnete. Unter einigen der ersten Zahnräder. Mir scheint, Ihr Herr Großvater hat mit voller Absicht einen Mechanismus eingebaut, der die Maschine nach einer bestimmten Zeit abschaltet."

„Das widerspricht aber doch dem Sinn der Maschine."

„Sehe ich auch so. Aber er war eben ein skurriler Scherzbold. Er wird sich etwas dabei gedacht haben."

„Ja. Nur was?"

„Er hat schon ein Passwort in einem Sudoku versteckt, wie Sie sich erinnern. Wie viele Ziffern hat das Schloss an dem Safe?"

„Fünf."

„Das passt. Ab dem sechsten Zahnrad stehen alle Farbpunkte noch ganz unten. Die ersten fünf ... haben Sie mal einen Zettel?"

Rita reichte ihm einen Quittungsblock ihres Ladens. Der Detektiv zählte die Positionen der ersten fünf Räder und notierte eine Ziffernfolge auf dem Block. „Wie wäre es damit?"

„Der Code?"

„Einen Versuch ist es wert, meinen Sie nicht?"

Kapitel 6

Rita verkaufte an dieser letzten Stunde vor Feierabend noch einen verrosteten Reiher, einen hässlichen Keramikhasen, zwei quietschbunte Kaffeebecher, eine herzförmige Laterne und einen – hm – Briefbeschwerer? Jedes kompakte Objekt oberhalb von einem halben Kilogramm konnte eigentlich unter Briefbeschwerer subsumiert werden. Ludger führte unterdessen zwei Telefongespräche mit anderen Klienten, wozu er jedes Mal rücksichtsvoll nach draußen ging und sich zwischen das dekorative Altmetall stellte.

Rita Brossmann schloss die Tür hinter der letzten Kundin und wandte sich an Frahm, der sich in ein Wimmelbild mit Gartenzwergen vertieft hatte. „Wollen wir?"

Er schreckte aus seiner Betrachtung auf. „Wollen wir *was*?"

„Den Code ausprobieren."

„Ach ja." Für einen Sekundenbruchteil hatte er sich wohl der Illusion hingegeben, dass es die Einladung zu etwas Schönerem hätte sein können.

Sie stiegen ins Obergeschoss. Die Spuren von Gewaltanwendung um den Safe herum sahen noch unverändert aus, aber ansonsten war von der Werkstatt ihres Großvaters kaum noch etwas geblieben. Statt dessen war es eine gemütliche kleine Wohnküche geworden, in der allerdings Kunstobjekte wie jene, die unten verkauft wurden, durch Abwesenheit glänzten. Frahm vermutete, dass man sie in seinen Privaträumen nicht mehr sehen mochte, wenn man sie den ganzen Tag lang vor Augen hatte.

Er reichte ihr den Zettel mit den notierten Zahlen. „Ihr Privileg!"

Rita stellte die Zahlen am Codeschloss ein, erreichte aber nichts. „Das war wohl nichts. Wäre ja auch zu schön gewesen."

„Vielleicht rückwärts?"

146

„Na gut. Letzte Chance."

Es klickte, die Tür schwang auf. „Tatsächlich!" Der kleine Safe bot kaum Platz für ein paar Aktenordner. Und tatsächlich war es nur ein einziger.

Frahm trat hinzu. „Wenn Sie erlauben? Ich bin nur wenig neugierig, aber es interessiert mich tatsächlich, was da drin ist."

„Mich auch!", sagte eine Stimme hinter ihnen. Sie fuhren herum.

„Herr Klaproth! Was...?"

„Das letzte Geheimnis Ihres Großvaters. Er mochte es nicht mit mir teilen. Aber es muss etwas Weltbewegendes sein, seinen Andeutungen nach."

„Wie kommen Sie hier herein?"

Er lachte. „Ich habe mir noch zu Zeiten Ihres Großvaters eine Kopie vom Haustürschlüssel gemacht. Nur bei diesem verdammten Codeschloss nützte mir das nichts."

Der Gärtner, dachte Frahm. Es ist immer der Gärtner. „Waren Sie auch der nette Herr, der mich damals hinterrücks niedergeschlagen hat?"

Klaproth zeigte ein bekümmertes Gesicht. „Nicht niedergeschlagen. Nur ein harmloser Griff, der für ein paar Minuten bewusstlos macht. Ich hatte für teures Geld ein Team von Spezialisten angeheuert, um mir die Hinterlassenschaften des alten Herrn zu sichern. Und dann kamen Sie dazwischen. Was blieb mir anderes übrig?"

„Das war nicht nett."

„Ich entschuldige mich."

„Sind Sie gar nicht mehr an der ,Zeitmaschine' interessiert?", erkundigte sich Frahm sarkastisch.

„Da Frau Brossmann sie in ihrem Laden ausgiebig zur Schau gestellt hat, konnte ich mich davon überzeugen, dass sie nur ein Haufen wertloser Schrott ist. Und nun geben Sie mir bitte das da aus dem Safe."

„Und wenn nicht?", fragte Rita erbost.

„Dann muss ich etwas deutlicher werden." Er griff ins Nichts und hielt plötzlich eine Pistole in der Hand. Einer seiner Taschenspielertricks, offenbar. Vermutlich nur ein Spielzeug. Aber konnte man da sicher sein?

Frahm bedauerte, dass seine eigene Waffe zuhause im Stahlschrank lag, aber mit einer Konfrontation dieser Art hatte er heute nicht gerechnet. Er seufzte. „Geben Sie's ihm. Sie haben den Inhalt dieses Safes ein halbes Jahr lang kein bisschen vermisst. Sie werden ihn auch weiterhin nicht vermissen."

„Eine kluge Einstellung", bemerkte Klaproth.

Rita nahm zögernd den Ordner aus dem Fach und hielt ihn dem Gärtner hin, der ihn ihr aus der Hand riss. Dabei fiel ein Briefbogen herunter, der obenauf gelegen hatte. Klaproth bückte sich danach und hob ihn auf, ohne die anderen aus den Augen zu lassen. Dann lachte er und reichte Rita das Blatt: „Lesen Sie selbst!"

Liebe Rita. Würdest du bitte diesen Ordner meinem Freund Klaproth geben. Er wollte immer wissen, welches Geheimnis ich gelüftet habe. Jetzt, nachdem ich nicht mehr bin, soll er es erfahren. Liebe Grüße aus der Ewigkeit. Dein Opa.

„Ihr Großvater sprach immer von einer revolutionären Entdeckung, für die die Welt noch nicht bereit sei. Und da es diese alberne Maschine nicht war, muss es wohl das hier sein."

„Sie sind entlassen!", fauchte Rita.

„Damit kann ich leben. Sie gestatten, dass ich mich verabschiede?"

148

Klaproth zog sich mit seiner Beute zur Tür zurück, während mit einer beiläufigen Bewegung die Pistole aus seiner Hand verschwand.

Dann deutete er eine Verbeugung an und löste sich in Luft auf. Zumindest wirkte es so. Ludger Frahm erlaubte es sich, zu applaudieren. Rita Brossmann schenkte ihm einen verständnislosen Blick.

„Wirklich ein begnadeter Zauberkünstler. Ein stilvoller Abgang."

„Finden Sie das lustig?"

„Irgendwie schon. Vor allem, wenn ich bedenke, was er da erbeutet hat."

„Inwiefern?"

„Ich konnte erkennen, was auf dem Rücken des Ordners stand: ‚Über die Quadratur des Kreises'. Ihr Großvater war ein sehr spezieller Mensch, das wissen Sie ja. Ich will nicht beurteilen, ob er wirklich geglaubt hat, er habe dieses unlösbare Problem gelöst, oder ob er sich einen Scherz erlauben wollte. Jedenfalls erwarte ich nicht, dass der Herr Klaproth viel Freude damit haben wird."

Rita seufzte. „Grüße aus der Ewigkeit. Ja, das passte zu Opa."

„Und bestellen Sie einen Elektriker und bitten Sie ihn, an Ihrer Maschine das Relais zu überbrücken. Dann haben Sie wieder Ihren wunderschönen Blickfang im Laden."

Epilog

Der Artikel erschien zwei Wochen später in der Tageszeitung und schien der Redaktion bedeutsam genug gewesen zu sein, ihn auf die erste Seite zu bringen:

Uraltes Rätsel der Mathematik gelöst!

149

Darin war die Rede von einem Hobby-Mathematiker namens Klaproth, der ein altes Problem der Menschheit gelöst habe: Eine Zirkel-und-Lineal-Konstruktion für die Kreiszahl Pi. Zwar sei allgemein bekannt, dass man einen Kreis nicht in ein Quadrat verwandeln könne, aber es sei ihm statt dessen gelungen, allein mit Zirkel und Lineal ein Quadrat in einen flächengleichen Kreis zu verwandeln, womit zugleich eine Konstruktion für die Zahl Pi zur Verfügung stehe. Die Lösung werde derzeit von Mathematikprofessoren an der Universität Utrecht geprüft und solle demnächst in einer Fachzeitschrift veröffentlicht werden. Dabei sei sie so einfach, dass jeder Schüler sie durchführen könne. Schulbuchverlage erwarteten, dass alle Lehrbücher neu gedruckt werden müssten. Eine Revolution der Mathematik, resümierte der verantwortliche Redakteur. Die Konstruktion selbst war daneben abgebildet, allerdings nicht erläutert.

Ludger rief seine Klientin an. „Haben Sie heute schon die Zeitung gelesen?"

„Das mit der Kreisquadratur?"

„Genau."

„Eigentlich hätte der Name meines Großvaters da auf der Titelseite stehen müssen. Wir haben sein Erbe zu leichtfertig hergegeben."

„Seien Sie froh, dass er da nicht steht. Die Katze ist jetzt aus dem Sack, und ich bin wirklich gespannt, was die erwähnten Mathematikprofessoren dazu sagen werden. Läuft übrigens die Maschine wieder?"

„Ja, sie läuft wieder."

„Dann ist die Ewigkeit ja gerettet."

Die verschämte Richtigstellung erschien in der Zeitung bereits am nächsten Tag, allerdings nicht mehr auf der Titelseite, sondern im Innenteil. Die Pi-Konstruktion sei nun doch nicht ganz gelungen,

150

hieß es da, sondern nur eine Näherung. Allerdings eine sehr gute, wie man sich zum Trost hinzuzufügen beeilte, man habe mit einem Computer der Redaktion nachgerechnet.

Die Schulbuchverlage dürften einem entgangenen Geschäft nachgeweint haben.

ജ

Anmerkung: *Die Ewigkeitsmaschine gibt es wirklich. Sie ist ein Werk des amerikanischen Künstlers Arthur Ganson und heißt 'Machine with concrete', weil das letzte Zahnrad einbetoniert ist.*

Mit einer Konstruktion zur Quadratur des Kreises schaffte es ein Hobby-Mathematiker tatsächlich vor etlichen Jahren auf Seite 1 einer Tageszeitung, und die Richtigstellung erfolgte tatsächlich am Tag darauf im Innenteil. Ich verschweige die Details, um allen Beteiligten die Peinlichkeit zu ersparen. Allerdings ist das Internet voll von derartigen Konstruktionen, so dass man wohl annehmen darf, dass es den Zirkelquadrierern überhaupt nicht peinlich ist.

Credits: Ich danke Manfred Schmidt, dessen Knatterton-Comic „Die Erbschaft in der Krawatte" mich auf das Sujet dieser Geschichte brachte.

Aufgaben:

1. Versuchen Sie das Sudoku zu lösen. Welche Besonderheit weist es auf, und welche möglichen Passwörter ergeben sich?

2. Die Maschine sei quaderförmig mit den Maßen 2,12 m mal 0,85 m mal 0,15 m. Die Türöffnung ist 2,00 m hoch und 0,80 m breit. Das Treppenhaus mit der Stiege biegt unmittelbar hinter der Tür rechtwinklig ab und ist 0,90 m breit und 2,25 m hoch. Untersuchen Sie, ob es möglich ist, die Maschine durch die Tür ins Treppenhaus zu bekommen.

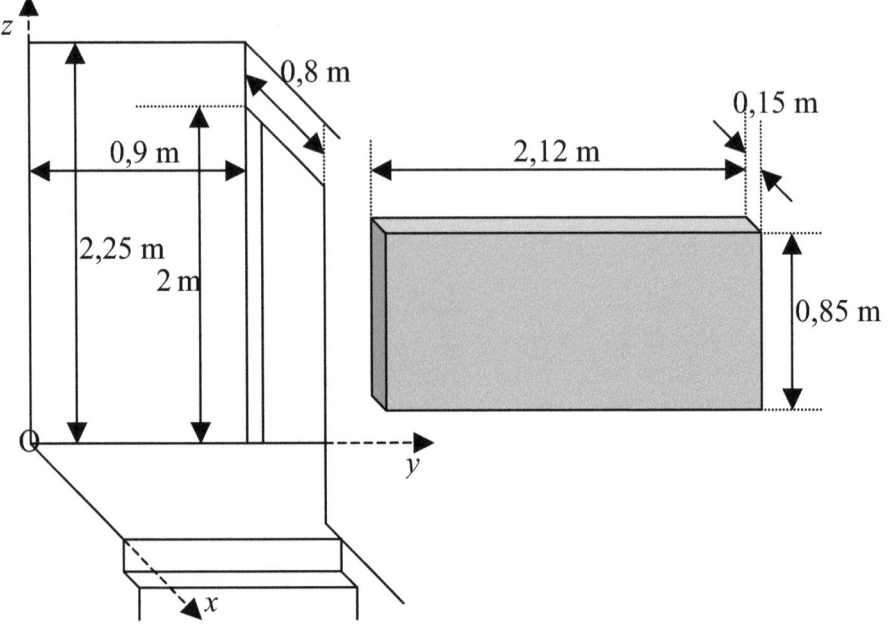

3. Die angebliche Konstruktion, die zwar keinen Kreis quadriert, aber ein Quadrat zirkelt, sieht folgendermaßen aus:

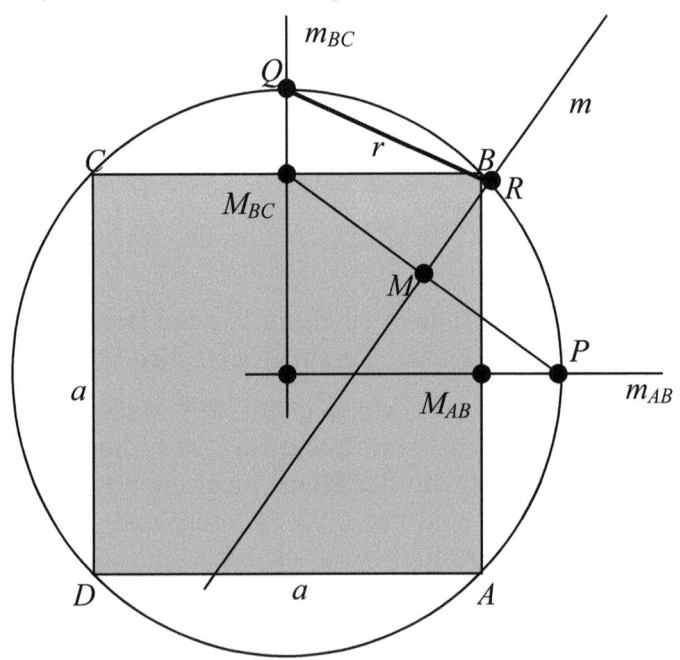

Ausgangsfigur ist das Quadrat $ABCD$. Es wird der Umkreis des Quadrates gezeichnet. Es werden die Mittelsenkrechten m_{AB} und m_{BC} gezeichnet, die den Umkreis in P bzw. Q schneiden. Es wird die Mittelsenkrechte m der Strecke $M_{BC}P$ gezeichnet. Sie schneidet den Umkreis in R (sie schneidet den Kreis auf der anderen Seite ein zweites Mal, diese Lösung wird aber verworfen). Die Strecke QR ist (angeblich) der gesuchte Radius r des zum Ausgangsquadrat flächengleichen Kreises.

Leiten Sie damit eine Formel für r her. Welcher (Näherungs-)Wert für π ergibt sich hieraus?

4. Berechnen Sie die prozentuale Abweichung dieses Näherungswertes vom Literaturwert (Formelsammlung) für π. Vergleichen Sie diese Näherung mit der bereits von Archimedes angegebenen Näherung $\pi \approx 3\frac{1}{7}$.

5. Angenommen, es sei durch irgendein Wunder gelungen, zu einem gegebenen Quadrat den Radius r des Kreises zu konstruieren, der den gleichen Flächeninhalt hat. Wie könnte man hieraus mit Zirkel und Lineal eine Strecke der Länge π LE gewinnen, wenn man die Kantenlänge des Quadrates als 1 LE (= eine Längeneinheit) definiert?

6. Der Antriebsmotor der Ewigkeitsmaschine rotiert mit 200 rpm (= Umdrehungen pro Minute). Das Getriebe arbeitet von Stufe zu Stufe mit einer Untersetzung von jeweils 50:1, d.h. das erste Zahnrad dreht sich noch mit 200 rpm/50 = 4 rpm, und so weiter. Das letzte noch bewegliche Zahnrad ist Nummer 12.

Berechnen Sie die Dauer einer Umdrehung für jedes Zahnrad; für die ersten Räder in Minuten bzw. Tagen, ab Überschreitung von einem Jahr (gregorianisches Jahr = 365,2425 Tage) genügt die Angabe in Jahren.

7. Das folgende Bild zeigt ein Schema der Maschine. Der Übersichtlichkeit halber ist das Getriebe hier mit Stirnrädern

153

dargestellt; bei einer so extremen Übersetzung wie 50:1 würde man allerdings normalerweise mit Schneckenrädern arbeiten, wie es bei Gansons Maschine auch der Fall ist.

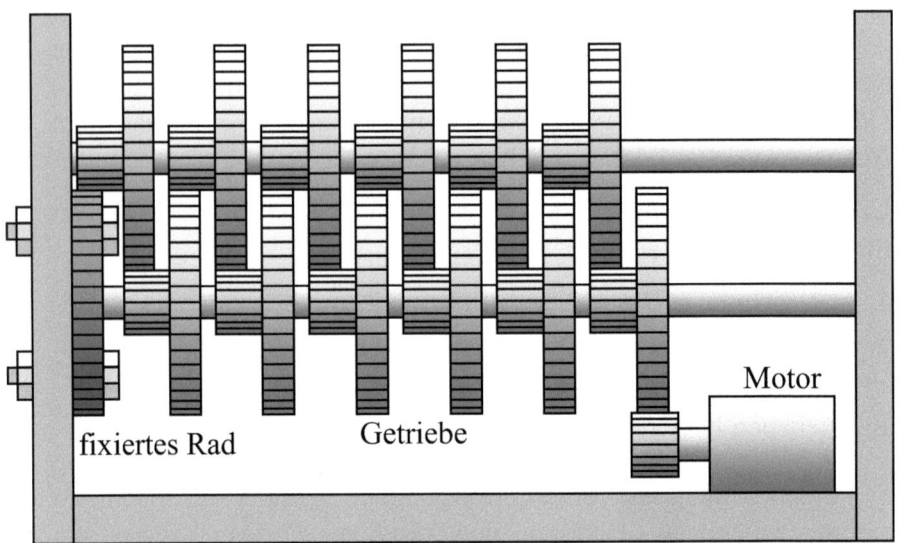

fixiertes Rad   Getriebe   Motor

Die 12. Getriebestufe greift in ein 13. Zahnrad, das aber unbeweglich fixiert ist. Sie kann sich daher nur noch um den Winkel drehen, der im Spielraum der Zähne begründet ist. Nehmen Sie an, er betrage ein Winkelgrad, d.h. das 12. Rad kann nur noch $1/360$ Drehung ausführen, ehe es blockiert. Rechnen Sie von hier aus zurück, wie viele Umdrehungen der Motor ausführen wird, ehe die Maschine blockiert. Berechnen Sie die Zeit bis zum Blockieren der Maschine. Vergleichen Sie sie mit der voraussichtlichen restlichen Lebensdauer der Sonne (4,5 Milliarden Jahre).

8. Angenommen, auf irgendeine Weise überstehe die Maschine die Zeit bis zu Ihrem Blockieren (vielleicht weil Aliens sie finden und auf ihre Heimatwelt mitnehmen). Was dürfte passieren, wenn die Maschine blockiert?

154

Der Mondschlitten

Prolog

Einmal hatte sich der Hund des Mondmannes auf die Erde verirrt, und jener war gekommen, um ihn zurückzuholen. Aber Migssuarniánga hatte den Hund gefangen und verlangte eine Belohnung, wenn er ihn herausgab. Da lud der Mondmann ihn auf einen Besuch ein. Migssuarniánga stimmte zu, und der Mondmann zeigte ihm, wie man den Schlitten und die Hunde in den Himmel werfen konnte und erklärte ihm auch den Weg. Bei dem großen Felsen müsse er auf jeden Fall nördlich fahren, denn südlich würde er die Eingeweidefresserin Nalíkâdivákâq treffen. Migssuarniánga rüstete seinen Schlitten aus, warf ihn und die Hunde in den Himmel und stieg auf. Die Fahrt ging wie über glattes Eis, und er genoss sie so, dass er auf den Weg zu achten vergaß. Bald kam er an ein Haus. Aber nicht der Mondmann öffnete, sondern eine alte Frau. Zu spät erkannte Migssuarniánga, dass es die Eingeweidefresserin war; sie schlitzte ihn mit einem Messer auf und riss ihm die Gedärme heraus. Mit letzter Kraft konnte er sich zu seinem Schlitten flüchten, trieb die Hunde an, und so erreichte er doch noch den Mondmann. Der erkannte, was geschehen war, und machte sich auf den Weg zu Nalíkâdivákâq. Zum Glück hatte sie die Eingeweide noch nicht gefressen, so konnte der Mondmann sie ihr abnehmen. Migssuarniánga musste sie schlucken, um wieder ganz zu werden. Danach verbrachte er eine Weile beim Mondmann, bis es an der Zeit war heimzukehren. Auf diesem Weg kannst du nicht zurück, sagte der Mondmann, ich zeige dir einen anderen. Er gab ihm einen Kieselstein, den solle er an die Wand der Hütte drücken. Als er es tat, öffnete sich eine Luke, durch die er hinunter auf sein Dorf blicken konnte. Mit dem Schlitten fuhr er dort direkt hinab und kam wohlbehalten in sein Dorf zurück, wo er ein großer Angakok* wurde.

* Schamane

155

Kapitel 1

Am Tag vor dem Start war Ird** mit dem Wartungsschlitten die Trasse abgefahren, vom Hangar bis zum Ende der Bremsstrecke, volle 90 Kilometer. Die Sensoren hatten jede Schraube und jede Spule abgetastet. Das Prüfprotokoll vermeldete lakonisch: PASSED. Die Schiene war einsatzbereit. Es durfte jetzt auch nichts mehr schief gehen; wenn dieser Start ebenfalls misslang, gab es keinen weiteren.

Der Vortag war es allerdings nur auf dem Kalender. Auf dem Mond war es zwar Abend, aber der Mondtag dauerte zwei Wochen, und die Sonne würde erst in 38 Stunden untergehen.

Die Presse war da, ebenso Vertreter des Aufsichtsrates von LUNAR MINING. Und Irds Chef, Wollsteyn, der Präsident von Magnetic Acceleration Rail Systems, kurz MARS. Die Besatzung der Station hatte zusammenrücken müssen, um die Gäste unterzubringen, und eine gewisse Nervosität lag in der Luft.

An die Katastrophe vor vier Wochen erinnerten nur noch diverse deformierte Metallteile, die verstreut auf dem Mondboden lagen; zum Aufräumen hatte die Zeit gefehlt. Ird kletterte gerade zurück in den Führerstand des Schlittens, als der Funkempfänger knackte.

„Hier spricht der Stationskommandant. An alle. Sonnensatellit STEREO meldet einen koronalen Massenauswurf, der uns in 45 Minuten erreichen wird. Begeben Sie sich bitte in die Schutzräume. Die Gäste lassen sich bitte gegebenenfalls vom Stammpersonal einweisen. Vielen Dank. Wilson Ende." Sonst fasste er sich kürzer; die lange Ansprache war zweifellos den Gästen geschuldet, die derzeit die Station bevölkerten.

Ird startete den Schlitten und machte sich auf den Rückweg. 45 Minuten. Das war knapp, wenn man sich gerade 90 Kilometer von den Bunkern entfernt befand. Aber mit Höchstgeschwindigkeit war es zu schaffen. Und wenn am Ende eine Minute fehlte, nun

** sprich: „Jird"

156

gut, ein bisschen Strahlung mehr. Sie hatte den Gipfel ihrer Karriere erreicht und keine großen Pläne mehr.

Kinder würde sie ohnehin nicht mehr bekommen, die Chance hatte sie verpasst. Neben Schule, Studium und Job war nie Zeit für eine Beziehung gewesen. Außerdem war sie keine Schönheit. Jedenfalls nach den Schönheitsidealen südlich des Polarkreises. Den Maßstäben der Inuit entsprach sie schon, ein eckiger Schädel, breite Wangenknochen, ein starkes Gebiss. Gut zum Durchkauen von Leder. Und ein stämmiger Körper, den man sich gut mit zwei Babys an der Brust vorstellen konnte. Manche Männer hätten sich nach ihr umgedreht. Aber sie hatte ihr Dorf bereits als junges Mädchen verlassen, weil es dort für sie keine Zukunft gab.

Eifrige Tierschützer hatten dafür gesorgt, dass den Inuit die Robbenjagd verboten worden war. Jetzt lebten sie von staatlicher Unterstützung, Almosenempfänger statt stolze Jäger. Viele hatten das Trinken angefangen. Ird hatte in der Stadt einen Job gefunden, mit dem sie einen Schulabschluss hatte finanzieren können, war von einem Lehrer auf das Ingenieurstudium verwiesen worden, weil er ihre technische Begabung erkannt hatte, und hatte weitere Jahre parallel gearbeitet und gelernt. Und ihren Namen hatte sie abgelegt, fast schon selbst vergessen: Irdlirvirisissong, die Cousine des Mondes. Aber das konnte hier niemand aussprechen.

*

Ird war zum Mond zurückgekehrt, viele Generationen nach Migssuarniánga. Ihr Großvater hatte ihr erzählt, dass sie zu den Nachkommen des Angakok gehörte, von dem die Legende berichtete. Und diesen Kieselstein hatte er ihr geschenkt, einen kleinen, flachen, rötlichen Stein mit schwarzen Einsprengseln, einen von der Art, die man übers Wasser hüpfen lassen konnte. Was sie natürlich niemals tun würde, dafür war ihr der Talisman zu kostbar. Angeblich war es der Stein, mit dem Migssuarniánga damals die Luke zur Erde geöffnet hatte.

157

Ird hatte eine Anstellung gefunden bei MARS, einem Hersteller von Magnetbahnen. Und der hatte sie zum Mond geschickt, mit dem Team, welches das Magnetkatapult bauen sollte.

Längst war der Mond besiedelt; mehrere Minengesellschaften förderten im Tagebau das kostbare Helium 3. Maschinenmonster wühlten sich durch den Regolith, heizten bei 700 Grad das Gas aus und sammelten es für den Transport zur Erde. Die Kosten für Abbau und Transport machten das Helium 3 zu einem Stoff, der im Wert über Plutonium angesiedelt war. Und hier hatte der Magnetschienenspezialist MARS seine Chance gesehen.

Die Treibstoffkosten für den Abtransport ließen sich sparen, wenn die Schiffe auf dem Mond mit einer Magnetbahn auf Fluchtgeschwindigkeit beschleunigt wurden, die ihre Energie wiederum aus Solarzellen bezog. In einer späteren Ausbaustufe sollten sie auf die gleiche Weise auch landen. Die Investition war natürlich gewaltig, ehe mit Gewinn gearbeitet werden konnte. LUNAR MINING war das Wagnis eingegangen, zusammen mit MARS ein Pilotprojekt zu finanzieren. Und deswegen war Ird vor zwei Jahren auf den Mond gekommen und hatte hier an der Installation des Magnetkatapults mitgearbeitet.

Aber der erste – noch unbemannte – Teststart war zu einer Katastrophe geraten. Das Schiff hatte sich am Zenit der Bahn nicht vom Beschleunigungsschlitten gelöst; ein Sicherungsbolzen war nicht entfernt worden. Eigentlich unmöglich; RELEASE SAFETY BOLTS war im Protokoll abgehakt. Der Bremsweg des noch mit dem Raumgleiter beladenen Schlittens war länger gewesen als die Schiene. Totalschaden. Der Chef hatte getobt, aber es ließ sich kein Verantwortlicher ausfindig machen.

Die Aktionäre des Konsortiums wurden nervös; LUNAR MINING drohte mit einer Kündigung des Vertrages, was für MARS das Aus bedeutet hätte. Es folgte ein Monat Reparaturarbeiten unter Hochdruck, zwei Wochen davon in der Mondnacht, bei Flutlicht. Jetzt hatte der leitende Ingenieur Ird mit

158

der Endkontrolle beauftragt. Ihr war durchaus bewusst, dass dahinter die Idee steckte, im Falle eines neuerlichen Fehlschlags diesmal einen Kopf präsentieren zu können. Ihren.

Kapitel 2

Die rotgelbe Warnbake flog an ihr vorbei: Bremsung einleiten. Sie musste den Wartungsschlitten noch auf das Nebengleis fahren, um die Schiene für den morgigen Start freizumachen; das kostete auch noch einmal fünf Minuten. Und dann zu Fuß zur Station, durch die Schleuse, den Mondanzug ablegen, den Bunker aufsuchen. Ein paar Minuten würden fehlen. Sei's drum, das war jetzt nicht zu ändern. Sie landete den Schlitten, sicherte die Kontrollen und kletterte vom Gleiskörper herunter.

Der Strahlungsdetektor ihres Anzugs schlug jäh aus: der Sonnensturm hatte den Mond erreicht. Obwohl sie es gewusst hatte, erschrak sie. Ab jetzt lief die Zeit. Normalerweise hätte sie die nördliche Schleuse benutzt, aber das würde zu lange dauern; die südliche, neben dem Hangar, lag näher. Südlich lauerte die Eingeweidefresserin Nalíkâdivákâq, erinnerte sie sich. Aber das war Unsinn, im Hangar lag nur der Raumgleiter und wurde auf den Start vorbereitet. Das heißt, im Moment war der Hangar natürlich menschenleer.

Ird betrat die Schleuse. Ein Gebläse entfernte den Mondstaub, vorher konnte sie nicht aussteigen. Noch einmal zwei Minuten, dann durfte sie die Schleuse verlassen. Und jetzt im Spurt zum Strahlungsbunker – soweit man bei einem Sechstel g spurten konnte. Aber mit zwei Jahren Monderfahrung konnte sie das ganz gut.

Sie stutzte. Rechts, beim Raumgleiter, hatte sie ein Aufblitzen bemerkt. Gab es etwa doch so etwas wie Dämonen auf dem Mond? Die alten Legenden ihres Volkes hatten sie geprägt, aber Ird war aufgeklärt und glaubte nicht an Geister. Eigentlich.

159

Sie schwankte zwischen der Notwendigkeit, den Bunker aufzusuchen und dem Drang, beim Gleiter nach dem Rechten zu sehen. Erstmals kam ihr der Gedanke, dass der Unfall neulich vielleicht doch nicht auf Nachlässigkeit beruhte, sondern gezielt herbeigeführt worden war. LUNAR MINING hatte Mitbewerber, wie es so schön hieß. Und ein funktionierendes Katapult würde der Firma Wettbewerbsvorteile verschaffen.

Die Entscheidung wurde ihr abgenommen. „LPS-Signal verloren", quäkte die Navigations-App aus dem Handy in ihrer Brusttasche. Sie hatte das Navi immer laufen; auf der 90 Kilometer langen Trasse war es hilfreich, genau zu wissen wo man war, vor allem wenn man einen Defekt entdeckte und melden musste. Es vernetzte sich automatisch mit dem Mondanzug und hatte sich jetzt abgekoppelt. Was kein Grund war, das Signal zu verlieren. Aber der Sonnensturm störte offenbar die Elektronik der Satelliten. Schlimm war nur, dass das weithin hallende Plärren der App den Menschen oder Geist, der sich da am Gleiter zu schaffen machte, auf sie aufmerksam gemacht hatte. Ein heißer Hauch streifte sie, und neben ihr schmolz das Metall der Wand. Ird begriff, dass jemand auf sie geschossen hatte. Mit einem Laser. Die einzige verfügbare Deckung war ein Computerterminal, und sie hechtete sich dorthin.

Niemand trug hier Laserwaffen; vermutlich war es eines der Schneidwerkzeuge, wie sie bei den Arbeiten verwendet wurden. Als Distanzwaffe denkbar ungeeignet – ein Umstand, dem sie jetzt wohl ihr Leben verdankte. Vorerst. Sie hörte Schritte auf dem metallenen Boden und konnte nur warten, bis der andere das Terminal erreicht hatte und sie aus der Nähe erschoss. Sie hatte einen Saboteur bei seinem Tun überrascht.

Vorsichtig zog sie das Handy aus der Tasche und versuchte, die Stationsleitung anzurufen. Kein Netz. Natürlich, der Sonnensturm. Verdammt, wie lange saß sie hier jetzt ungeschützt herum? Wenn der Gegner sie nicht erledigte, würde die Strahlung es tun. Machte

160

der da sich eigentlich gar keine Sorgen, dass er auch verstrahlt wurde? Als er vor ihr stand, begriff sie, dass er sich keine Sorgen machen musste. Er trug einen Strahlenschutzanzug. Der würde ihn auch nicht ewig schützen, aber er verschaffte ihm ihr gegenüber einen erheblichen Zeitvorteil. Zugleich maskierte er ihn wirkungsvoll; das Gesicht war hinter dem Visier nicht zu erkennen. Und jetzt hob er den Laserbrenner und richtete ihn auf Ird.

*

Ein Schott rollte geräuschvoll auf. Ihr Gegner zuckte zusammen, fuhr herum und sah sich einer weiteren Gestalt im Schutzanzug gegenüber. Er schwenkte das Ding, das ihm als Waffe diente, herum. Jetzt oder nie! Ird besaß zwar keine Waffe, aber sie besaß ihre Körpermasse. 93 Kilogramm wogen auf dem Mond zwar nur soviel wie 15, aber 93 Kilo im Schwung waren 93 Kilo. Sie warf sich gegen den Unbekannten und brachte ihn ins Wanken.

„Werfen Sie das Ding weg!" Das war Wilsons Stimme. Der Kommandant persönlich war also ihr Retter. Als der andere zögerte, schlug ihm Ird kurz entschlossen den Laser aus der Hand. Jetzt sah er wohl ein, dass er auf verlorenem Posten stand. Er ließ die Arme hängen und senkte den Kopf. Und stürzte sich dann ohne Vorwarnung auf Wilson und schlug ihn nieder. Der Anzug dämpfte den Schlag, der Kommandant kam rasch wieder auf die Beine, aber da hatte der andere die Flucht ergriffen, war in das offene Schott gesprungen und hatte es hinter sich verriegelt.

„Ird! Sie müssen hier weg", erkannte Wilson und griff nach seinem Handy.

„Vergessen Sie's. Kein Netz."

Wilson blickte um sich, dann schaltete er das Terminal an. „Aber Glasfaser. Die lässt sich von einem Sonnensturm nicht beeindrucken." Er trat in den Aufnahmebereich der Kamera.

„Notfall! Wilson spricht. Ungeschützte Person außerhalb des Bunkers! Bitte Schott Süd-II öffnen!"

Kapitel 3

Dr. Magnus zog das Dosimeter aus dem Lesegerät. „Sie haben sich 340 Millisievert eingefangen." Als er Irds fragenden Blick bemerkte, fügte er hinzu: „Nein, es wird Sie nicht umbringen. Aber Sie müssen mit Spätfolgen rechnen. Kann sein, dass Sie an Leukämie erkranken. Auf jeden Fall müssen Sie zurück zur Erde. Mit dieser Vorbelastung können Sie hier nicht bleiben. Außerdem sind die Behandlungsmöglichkeiten auf der Erde besser."

Der Arzt wandte sich an Wollsteyn. „Tut mir Leid, aber Sie müssen Ihre Angestellte von den Arbeiten hier abziehen."

„Die Arbeiten sind beendet", sagte Ird. „Sie können wie geplant starten. Aber der Gleiter muss unbedingt überprüft werden. Ich weiß nicht, ob dieser Mensch dazu gekommen ist, irgendetwas zu sabotieren."

„Natürlich. Konnten Sie ihn erkennen?"

„Leider nein. Sein Schutzanzug trug die Kennung Süd-03. Mehr weiß ich nicht."

„Alle Schutzanzüge hängen im Depot. Es fehlt keiner", bemerkte Wilson.

„Logisch. Er hatte Zeit genug, ihn zurückzuhängen."

„Wir wissen also nicht wer es war."

Ird wies auf das Lesegerät. „Sie könnten alle Dosimeter auswerten. Er hat nicht so viel abbekommen wie ich, aber es müsste ein erhöhter Wert sein."

„Ich veranlasse das sofort."

Wollsteyn sah Ird nachdenklich an. „Der nächste Flug zur Erde ist der morgige Jungfernflug. Es würde auf die Aktionäre sicherlich einen guten Eindruck machen, wenn eine Ingenieurin, die das Katapult gebaut hat, sich ihm auch anvertraute."

„Ich verstehe schon. Und Sie haben die Gewissheit, dass ich nicht auch in die Sabotage verwickelt bin."

„Das würde ich niemals behaupten."

Wilson blickte auf einen Monitor. „STEREO meldet, dass der Flux zurückgeht. In ein paar Stunden können wir den Bunker verlassen." Er legte den Kopf schräg. „Es wäre natürlich besser, den Start zu verschieben, bis wir den Gleiter gründlich untersucht haben."

Wollsteyn winkte ab. „Sie wissen, dass das Katapult Solarstrom braucht. Wenn wir nicht vor Sonnenuntergang starten, müssen wir zwei Wochen warten. So lange haben die Aktionäre keine Geduld mehr, nachdem es schon einmal schief gegangen ist. Die lassen uns gnadenlos fallen. Wenn die erst einmal ihre Aktien abstoßen, kann ich meine Firma zumachen."

„Also Geld gegen Gesundheit?"

„Wenn Sie es so nennen wollen. So funktioniert die Welt. Untersuchen Sie eben etwas schneller. Was sagen Sie dazu, Miss Ird?"

„Ich bin bereit zu fliegen. Zur Erde oder zu meinen Ahnen. Ich habe ja die Endkontrolle gemacht. Wenn es wieder schief geht, können Sie also den Aktionären erzählen, ich war schuld. Das ist mir dann herzlich egal."

„So sarkastisch kenne ich Sie gar nicht."

Ird lachte humorlos. „Kennen Sie mich überhaupt?"

Kapitel 4

Die Vertreter des Aufsichtsrates hatten dankend auf die Teilnahme am Jungfernflug verzichtet. Nicht wegen des Risikos einer unentdeckten Sabotage; das hatte Wollsteyn ihnen rücksichtsvoll verschwiegen. Aber weil das Katapult den Gleiter mit fünf g beschleunigen würde, das war nicht jedermanns Sache. Immerhin hatten drei weltraumerprobte Journalisten sich gemeldet, und sei es nur wegen der exklusiven Story, die sie ihren Agenturen würden präsentieren können.

Wollsteyn hatte eine markige Ansprache gehalten, für die Ird ihn insgeheim bewunderte. Um mit dem Hintergrundwissen, was passieren konnte, einen solchen Optimismus zu verbreiten, musste man wohl Politiker oder Manager sein. Dann waren sie eingestiegen. Das Schiff war in allen Funktionen überprüft und freigegeben. Laut Protokoll. Die Zeit war erwartungsgemäß knapp gewesen. Immerhin hatte man anhand des Dosimeters einen Techniker als den mutmaßlichen Saboteur identifiziert. Aber er schwieg beharrlich und wollte nichts ohne seinen Anwalt sagen.

Der Hangar wurde geräumt, die Zuschauer drängten sich im Kontrollraum. Ird saß, im Sitz angeschnallt, neben den Presseleuten, die sich leise unterhielten und Witze rissen, die eindeutig in die Kategorie Galgenhumor fielen.

„Warum geht es nicht los?", fragte plötzlich ihr Nebenmann.

Ird wurde bewusst, dass sie eigentlich schon hätten gestartet sein müssen. „Woher soll ich das wissen?"

„Ich denke, Sie sind die Ingenieurin."

„Ich sitze aber nicht da vorn im Cockpit."

Wie aufs Stichwort ging in dem Moment die Tür zum Cockpit auf, der Pilot erschien, ging zum Schott, betätigte den Hebel und öffnete es. Es herrschte also noch kein Vakuum im Hangar. Dann runzelte er die Stirn und schloss es wieder. „Probleme?", fragte ein Reporter.

„Der Computer sagt, das Schott ist nicht richtig zu. Jetzt die Luft abzupumpen wäre nicht gut für uns, wissen Sie?" Der Pressemann lachte gequält.

Der Pilot verschwand im Cockpit. Nach zwei Minuten kam er wieder. Offenbar bestand das Problem noch immer. Ird rang mit sich. Dieser Fehler ging sie nichts an; sie war für das Katapult zuständig, nicht für das Schiff. Trotzdem schnallte sie sich los und trat zu dem Piloten, der jetzt erneut das Schott zu verriegeln versuchte.

„Was ist?", flüsterte sie.

„Das Schott ist zweifellos dicht. Aber ich kann nicht starten, wenn ich den Computer nicht davon überzeuge." Mit einer Kopfbewegung deutete er zu den Passagieren. „Und die da warten nur auf einen Zwischenfall. Wenn wir jetzt nicht gleich loskommen, zerreißt uns die Presse."

Hier hatte einer mit einem Laser herumgefuhrwerkt, überlegte Ird. Was konnte er angestellt haben, dass jetzt das Schott nicht schloss? „Machen Sie noch mal auf."

„Okay..." Es klang nicht überzeugt.

Ird zeigte auf eine Stelle, an der geschmolzenes Metall erkennbar war. „Was ist das hier?"

Der Pilot beherrschte sich mustergültig und unterdrückte den Fluch. „Der Sensor! Hier gehört eine Metallnase hin, die in eine Lichtschranke einrastet und ‚geschlossen' meldet. Offenbar ist beim Check doch geschlampt worden."

„Das ist doch leicht zu reparieren."

„Aber nicht mehr vor Sonnenuntergang. Das ist eine Katastrophe."

165

„Was diskutieren Sie da?", klang es lautstark von hinten. „Gibt es etwas zu verheimlichen?"

Den Stein an die Wand drücken und die Luke zur Erde öffnen, dachte Ird. Sie fischte den Kiesel aus der Tasche, stellte sich so, dass es niemand sehen konnte, und schob den Stein in die Öffnung der Lichtschranke. „Versuchen Sie's jetzt noch mal."

„Das ist verrückt."

„Ich weiß."

Kurz darauf hörte man das Heulen der Pumpen, die den Hangar evakuierten. Sie wurden mit sinkendem Luftdruck leiser, bis nur noch die Vibration zu spüren war. Und dann auch die nicht mehr. Der Schlitten mit dem Schiff hatte abgehoben und schwebte auf dem Magnetfeld.

„Achtung, Start!", meldete der Pilot über die Bordlautsprecher. Die Beschleunigung von fünf g baute sich innerhalb weniger Sekunden auf. Ird blieb die Luft weg, rote Kreise tanzten vor ihren Augen. Es dauert nur 50 Sekunden. Mit diesem Gedanken wurde sie bewusstlos.

Als sie wieder zu sich kam, begriff sie, dass das Katapult funktioniert hatte. Andernfalls wäre sie gar nicht mehr erwacht.

Epilog

Zwanzig Jahre und eine aufwändige Stammzellentransplantation (die MARS bezahlt hatte) später...

„Du warst wirklich auf dem Mond?", fragte das Mädchen.

„Ja. Damals, vor vielen Jahren."

„Mit einem Schlitten?"

„Ich habe den Mondleuten einen Schlitten gebaut, mit dem sie zur Erde fahren können."

166

„Wow. Und hast du Nalíkâdivákâq getroffen?"

„Ja. Aber der Mondmann hat mich gerettet."

„Genau wie Migssuarniánga?"

„So ähnlich."

„Brauchtest du auch einen Stein, um eine Luke zu öffnen?"

Irdlirvirisissong griff in die Tasche. „Ja", lächelte sie, „hier ist er."

ఒ౦

Anmerkung: *Magnetkatapulte sind State of Art und werden etwa auf Flugzeugträgern eingesetzt. Wegen der fehlenden Luftreibung wären auf dem Mond enorme Geschwindigkeiten zu erzielen, mit denen man im Extremfall sogar ein Raumschiff zum Mars schleudern könnte.*

Fotovoltaikanlagen auf dem Mond würden, wenn man sie der Sonne nachführt, den ganzen Mondtag lang die volle Leistung abgeben, da eine absorbierende Atmosphäre fehlt.

Credits: Ich danke Heinz Barüske für seine Sammlung von Eskimo-Märchen, aus deren Elementen ich die Legende am Beginn dieser Geschichte zusammengebastelt habe.

Aufgaben:

Die nachfolgende Grafik zeigt das Schema des Startvorgangs: Er beginnt – mit Rücksicht auf die Besatzung – mit einer Phase I, in der eine Beschleunigung von 5 g allmählich (innerhalb von 10 Sekunden) aufgebaut wird. Dann wird in Phase II konstant mit 5 g weiter beschleunigt, bis das Schiff die Fluchtgeschwindigkeit erreicht hat. Nun wird das Schiff vom Schlitten getrennt und nimmt Kurs auf die Erde. Der leere Schlitten wird dann in Phase III (mit entsprechend größerer Bremsbeschleunigung) wieder abgebremst und muss am Ende der Schiene zum Stehen kommen.

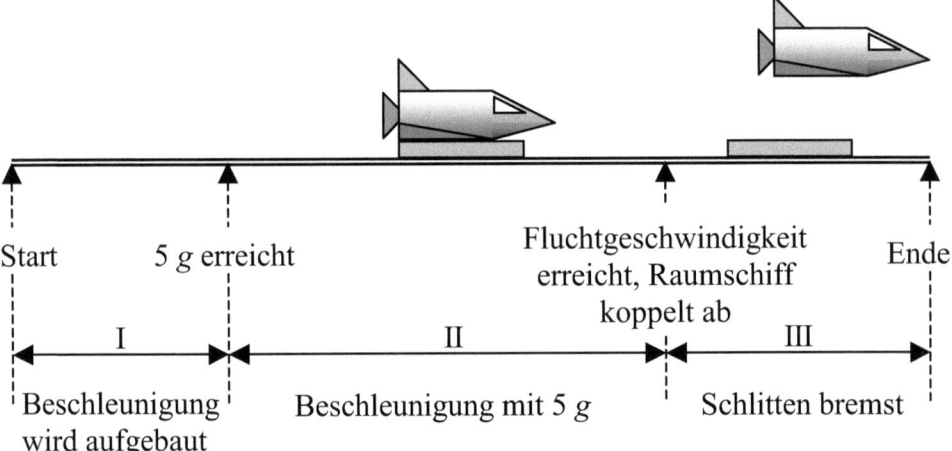

1. Berechnen Sie die Strecke, die der Schlitten vom Start bis zum Ende der Phase I zurücklegt. 1 g beträgt 10 m/s². Welche Geschwindigkeit hat er dann? Hinweis: Neben den bekannten Größen Geschwindigkeit $v = dx/dt = x'(t)$ und Bescheunigung $a = dv/dt = v'(t)$ tritt hier auch noch eine Beschleunigungsänderung $j = da/dt = a'(t)$ auf, die in der Technik als „Ruck" bezeichnet wird. Sie ist also die dritte zeitliche Ableitung der Ortskoordinate.

2. Wie lange dauert es dann in Phase II noch, bis die Fluchtgeschwindigkeit des Mondes (2380 m/s) erreicht ist? Welche Strecke legt der Schlitten bis dahin zurück?

3. Die Schiene ist insgesamt 90 km lang. Welche Strecke bleibt noch zum Abbremsen des Schlittens, und welche Bremsbeschleunigung ist dazu erforderlich?

4. Das Magnetkatapult wird elektrisch betrieben. Während Phase I und II werden Schlitten und Raumschiff beschleunigt, mit einer

168

Gesamtmasse von 10 Tonnen. Am Ende von Phase II beträgt die Geschwindigkeit v = 2380 m/s. Berechnen Sie die kinetische Energie $W = \frac{1}{2} \cdot m \cdot v^2$ des Gespanns für diesen Augenblick. Berechnen Sie die beim Beschleunigungsvorgang erforderliche maximale elektrische Leistung $P = \mathrm{d}W/\mathrm{d}t$.

5. Die elektrische Leistung soll von einer Fotovoltaikanlage aufgebracht werden. Die Sonneneinstrahlung auf einen Quadratmeter (Solarkonstante) beträgt $S = P/A = 1359$ W/m². Nehmen wir optimistisch an, dass bis zum Zeitpunkt der Handlung Solarzellen mit einem Wirkungsgrad von 50% zur Verfügung stehen und keine weiteren Verluste auftreten. Berechnen Sie die erforderliche Fläche der Fotovoltaikanlage, die das Magnetkatapult mit Energie versorgen kann, ohne dass Energie zwischengespeichert werden muss.

6. Durch die Sabotage beim ersten Startversuch kam es zu dem Totalschaden, weil die von der Schiene übertragene Kraft zwar den leeren Schlitten zum Stehen gebracht hätte, aber der noch mit dem Raumschiff beladene Schlitten konnte nur mit maximal 5 g beschleunigt oder gebremst werden. Dadurch schoss er über das Ende der Schiene hinaus – und beschädigte dabei auch die Schiene derart, dass vier Wochen Reparaturzeit anfielen. Berechnen Sie die Geschwindigkeit, die das Gespann am Ende der Schiene noch hatte.

Der Schatz von La Paleda

Prolog

In der Produktpalette des Schokoladenherstellers ‚Choco de la Mar' finden Sie unter anderem die Sorte ‚Soupçon de Sel', eine cremige Vollmilchschokolade aus pazifischen Kakaobohnen mit einer Prise Meersalz. Auf der Verpackung ist eine historische Seekarte abgedruckt, die den Umriss einer Insel darstellt und, wie ehemals üblich, mit allerlei Seeungeheuern und Meerjungfrauen dekoriert ist.

Wenn Sie genauer hinsehen, könnte Ihnen zweierlei auffallen. Erstens, die Karte stellt ein tatsächlich existierendes Eiland dar, nämlich La Paleda, das zu den polynesischen ‚Inseln über dem Winde' gehört. Und zweitens, eine der abgebildeten Nixen trägt eine Augenklappe, wie man sie üblicherweise eher bei einem dem Klischee entsprechenden Piraten vermuten würde als bei einem Meerweib.

Ist dem Zeichner, der dieses Motiv entworfen hat, die Phantasie durchgegangen? Lassen Sie uns in dieser Geschichte annehmen, dass dem nicht so ist.

Kapitel 1

John Finch stieg über einen zerborstenen Sack hinweg, dessen Inhalt, etwa fünfzig englische Pfund Nüsse, nun auf der Pier verstreut lag. Unter seinen Stiefeln knirschte es. „Bist du des Wahnsinns, Mann? Lass das verschwinden, ehe es einer sieht!", herrschte er den Ladearbeiter an. Unter all den Säcken hätte ja nun nicht ausgerechnet dieser platzen müssen.

„Dann pass gefälligst auf, wo du hin trittst, du Trampel!", blökte jener zurück.

170

Finch fuhr herum und zog seine Pistole aus dem Gürtel. Der Mann erkannte ihn mit jähem Schrecken, und seine Gesichtszüge gefroren. Finch war der Eigner des Frachtseglers ,Scylla', auf den die Säcke verladen werden sollten; und er war einer, der unangenehm werden konnte.

„Ich ... habe das nicht so gemeint, Sir."

Finch setzte ein böses Grinsen auf. „Sag noch, du bist falsch zitiert worden." Er hob die Waffe und feuerte einen Schuss mitten in die Nüsse. Dann hob er eine auf, deren Schale durch den Schuss angeknackt war, steckte die Nuss in den Mund und die Pistole in den Gürtel. Ohne abschließenden Gruß ging er seiner Wege.

„Was ist passiert?", wollte ein neugieriger Matrose, der durch den Knall aufmerksam geworden war, von dem Arbeiter wissen.

„Nichts. Käptn Finch hat eine Nuss gegessen."

„Muss ja 'ne sehr harte Nuss gewesen sein, so wie das geknallt hat."

*

Finch schlängelte sich zwischen Fuhrwerken und aufgestapelten Fässern hindurch und erreichte schließlich die Spelunke, deren auf die Hauswand gepinselter Name ,Café Paris' sich als Euphemismus erwies, sobald man eintrat. Drinnen war es trotz der Mittagsstunde düster, es roch nach Tran (von den Lampen) und nach Fusel (von den ausgeschenkten Getränken).

Da man ihn kannte, wurde er freudig und überschwänglich begrüßt wie Kuttel Daddeldu im ,König von Schweden'. „Willkommen in meinem bescheidenen Haus", strahlte der Wirt. „Es ist mir immer wieder eine Freude, den berühmten Kapitän Finch zu meinen Gästen zu zählen."

„Spar dir dein Geschleime, Jack, und gib mir einen Rum."

„Stets zu Diensten; stets zu Diensten." Mit leicht zitternden Fingern schenkte der Wirt ein Glas voll.

Finch schnupperte argwöhnisch daran, dann riss er ein Schwefelholz an (was das Rumaroma gründlich verdarb) und hielt es an die Flüssigkeit. Sie entzündete sich erwartungsgemäß nicht. Genau so hatte es gerochen. „Willst du mich verarschen? Was ist das denn? Rum in homöopathischer Verdünnung? Den kannst du alleine saufen!"

„Schscht. Tut mir echt Leid", flüsterte Jack, „ich hab' die falsche Flasche erwischt." Es war ihm erkennbar peinlich, vor allem wenn die anderen Gäste es mitbekamen. Er füllte ein neues Glas aus einer neuen Flasche. Der anspruchsvolle Gast roch daran, dann leerte er es in einem Zug. „Schon besser. Davon noch einen."

„Du bist Kapitän Finch?", vernahm er eine Stimme hinter seinem Rücken. Er mochte es nicht, wenn Dinge hinter seinem Rücken stattfanden, außerdem handelte es sich zweifellos um die Stimme einer jungen Frau. Beides zusammen war ihm Anlass genug, sich langsam umzudrehen.

„Hm", machte er und musterte die Gestalt von oben bis unten und wieder zurück. „Und wer will das wissen?"

Nein, das war keines der üblichen Flittchen mit Seidenstrümpfen und überquellendem Busen. Die Frau trug Seemannskleidung, mit Stiefeln und Hose, eine Lederweste; in einem breiten Gürtel mit verzierter Schnalle steckte ein Messer. Alles war in Brauntönen gehalten, nur in die langen schwarzen Haare hatte sie eine Vielzahl bunter Bänder eingeflochten. Das Bemerkenswerteste an ihr war allerdings die schwarze Klappe, die ihr rechtes Auge bedeckte.

Sie schenkte ihm ein dezentes Lächeln. „Du kannst mich Aioia nennen." Es klang wie Ajoja, und wohl genau deshalb fügte sie hinzu: „Mit I, nicht mit J."

172

Finch sortierte die Buchstaben im Geiste und folgerte zugleich, dass die Dame des Schreibens kundig sein musste. „Ein schöner Name. Palindromisch, spiegelsymmetrisch und mit drei Vokalen auskommend."

„Nimm dich besser vor ihr in Acht", raunte der Wirt ihm zu. „Sie verkehrt hier seit ein paar Wochen und zockt die Gäste mit ihren blöden Nussschalen ab."

„Hat das einen Einfluss auf deinen Getränke-Umsatz, Jack?", säuselte Finch.

„Kaum", gab der Wirt zu, während er Finchs Glas nachfüllte.

„Dann halt dich da gefälligst raus", bellte der Kapitän. Er wandte sich wieder Aioia zu. „Nussschalen, ja? Setz dich her, schönes Kind, und zeig deine Kunst."

Aioia nahm an Finchs Tisch Platz und holte drei halbe Walnussschalen aus der Tasche, dazu eine Erbse. „Pass auf, Käptn, das geht so. Die Erbse kommt unter eine Schale, du setzt einen Groschen, ich schiebe die Schalen ein bisschen hin und her, und du sagst mir, unter welcher die Erbse ist. Wenn du richtig tippst, kriegst du vier Groschen."

„Ein bescheuertes Spiel. Wie willst du damit auf deine Kosten kommen? Wenn du gegen drei Leute spielst und jeder tippt auf eine andere Schale, musst du einem davon vier Groschen zahlen, obwohl du nur drei eingenommen hast."

„Ich spiele aber nicht gegen drei Leute, sondern nur gegen einen", widersprach Aioia, in offensichtlicher mathematischer Ignoranz.

„Zahl deinen Rum, solange du noch Geld im Beutel hast", riet Jack.

Finch grinste falsch und warf ihm eine Münze auf den Tresen. Dann wandte er sich wieder an die Frau mit dem merkwürdigen Namen. „Na, dann fang an."

173

„Macht einen Groschen."

Finch legte den verlangten Betrag hin, Aioia deckte die Erbse mit einer Schale zu. Mit flinken Fingern verschob sie die Nussschalen, während Finch ihren Bewegungen mit konzentriertem Blick folgte.

„Nun?"

„Diese da", zeigte Finch. Aioia hob die Schale an. Die Erbse lag darunter. „Na also." Finch erhielt seinen Groschen zurück und Aioia legte aus ihrem Beutel drei dazu. „Und wo ist der Witz?"

„Pass gut auf, Käptn, beim nächsten Mal geht's schneller."

„Nur zu."

Das nächste Spiel verlor Finch. Das dritte und vierte auch. Damit war er seinen Gewinn wieder los, obwohl er sicher war, dass er die richtige Nussschale verfolgt hatte. Die Schale, auf die er zeigte, war stets leer, und die Erbse kam unter einer anderen zum Vorschein. Er stützte seinen Ellenbogen auf den Tisch und das Kinn in die Hand, während er Aioia eindringlich betrachtete. „Pass mal auf, Mädchen, wenn du betrügst, kenne ich kein Pardon, trotz deines einen schönen grünen Auges."

„Ich? Betrügen?", entrüstete sie sich. „Beweis mir das!"

„Nichts leichter als das." Finch änderte seine Strategie und gewann die Hälfte der nächsten Spiele.

Daraufhin änderte offenbar auch Aioia ihre Strategie und Finch gewann nur noch eins von vier Spielen. Damit hielten sich Gewinn und Verlust die Waage, und sie hätten endlos weitermachen können, also wechselte Finch abermals die Methode und schaffte es, einen leichten Vorteil für sich zu erringen. Nun gewann er eins von drei Spielen, und Aioias Beutel leerte sich allmählich.

Finch bleckte die Zähne. „Gibst du jetzt zu, dass du mogelst?"

„Ja." Das Eingeständnis schien sie nicht sehr zu belasten. Sie schob die Nussschalen achtlos beiseite und beugte sich über den Tisch. „Okay", sagte sie und blinzelte mit ihrem einen Auge. „Ich glaube, du bist der Mann, auf den ich gewartet habe."

„Wer hört das nicht gern von einer schönen Frau?", grinste Finch. „Und was verschafft mir die Ehre deiner unerwarteten Gunst?"

„Ich suche einen, der rechnen kann. Und du bist offenbar so einer."

„Enttäuschend. Mehr nicht? Ich habe auch noch andere Qualitäten."

„Darauf komme ich vielleicht später zurück", flüsterte sie. „Vorher allerdings..."

Finch merkte, wie es im Lokal immer ruhiger wurde und sich die Ohren der anderen Gäste im gleichen Maße spitzten, in dem er und Aioia die Stimme senkten. Er schob seine gewonnenen Münzen zusammen und legte den Stapel auf den Tresen. „Jack", brüllte er in die Stille hinein, „eine Runde für alle!"

Der Wirt machte sich daran, Gläser zu füllen, und das begeisterte Grölen der Seeleute sorgte für den erforderlichen Geräuschpegel, um die gerade interessant werdende Unterhaltung unbelauscht fortzusetzen.

„He", rief einer, „das ist aber eine bessere Sorte als dieses gepanschte Zeug, das du uns sonst verkaufst. Gibt es hier Gäste erster und zweiter Klasse?"

Offenbar hatte sich Jack schon wieder in der Flasche geirrt. Finch half ihm aus der Klemme: „Kumpel, du wirst Jack doch nicht vorwerfen, dass er in seiner selbstlosen Art eine preiswertere Sorte für sozial Schwache wie dich vorhält?"

175

Dann nahm er den angefangenen Satz Aioias wieder auf: „Vorher allerdings?"

Sie zog ein Papier aus der Tasche. „Ich brauche einen Partner für eine, hm, Unternehmung." Nach einem tiefen Atemzug faltete sie das Blatt so auseinander, dass Finch es lesen konnte. „Ich habe es einem etwas beschränkten jungen Mann abgekauft. Der hat es angeblich von seinem Vater geerbt, dem bekannten Freibeuter Francesco d'Adenard. Er konnte nichts damit anfangen, aber ich halte es für den Schlüssel zum legendären Schatz d'Adenards, der nie gefunden wurde."

Finch warf einen Blick zur Seite, um sich zu überzeugen, dass die Gäste noch mit ihrem Drink beschäftigt waren beziehungsweise mit der Diskussion über dessen Qualität. Dann las er:

Komme von Süden mit kleinem Schiff.
Manch großes scheiterte schon am Riff.
Die Lagune im Rücken, vor dir die Wand.
Suche dort nach dem Symbol einer Hand.
Eine gemalt nur, die andre gehauen.
Allein der zweiten sollst du vertrauen.
Groß ist der Daumen, der Kleine ist klein.
So stellte Leibniz die Zahlen sich ein.
Nun wähle die Tage im Februar.
Wie in den meisten Jahren er war.
Doch komme zur Ebbe, sonst raubt es die Flut.
Der Weg ist nur für sechs Stunden gut.
Und hast du's geborgen, nutze es weise.
Neidische Schlangen folgen dir leise.
Sie wollen's dir nehmen ohne viel Fragen.
Sicher ist nur, was zu groß ist zum Tragen.

Finch nickte und streckte Aioia die Hand hin. „In Ordnung. Ich bin dabei." Sie schlug ein.

176

Kapitel 2

Echte Männer brauchen kein Geländer. Echte Frauen auch nicht. Das Mädchen mit der Augenklappe balancierte mit sicherem Schritt die Planke hoch, die es an Bord von Finchs ‚Scylla' brachte, einen Seesack und einen mittelalterlich anmutenden Langbogen geschultert. An Deck stellte sich ihr allerdings der Bootsmann in den Weg. „Zutritt nur mit Erlaubnis des Käptns – und für Weiber schon gar nicht."

„Ist gut, Pedro", erklang von achtern Finchs Organ. „Du musstest deinen Spruch aufsagen, dazu warst du verpflichtet. Und nun vergiss ihn ganz schnell wieder."

Aioia deutete eine Verneigung an. „Bitte an Bord kommen zu dürfen."

Finch streckte ihr eine Hand entgegen und sah Pedro zugleich scharf an. „Erlaubnis des Kapitäns ist erteilt."

„Käptn", begehrte der Bootsmann auf, „Weiber an Bord bringen Unglück."

„Dieses hier bringt nur dem Unglück, der jetzt noch Widerworte gibt", bellte Finch. „Verstanden?"

„Aye, Käptn."

„Und sag's der Mannschaft: Aioia steht unter meinem persönlichen Schutz, und was sie befiehlt, ist so gut, als ob ich es selbst befohlen hätte."

„Oh-oh", murmelte Pedro.

„Ist noch was? Ansonsten geh und sorg' dafür, dass wir mit der Flut klar zum Auslaufen sind."

„Nein, Käptn. Jawohl, Käptn."

Finch winkte der Einäugigen mit einer Kopfbewegung, sie möge nach achtern mitkommen. „Was deine Unterkunft betrifft, du hast die Wahl zwischen dem Mannschaftslogis und meiner Kajüte."

„Was davon ist gefährlicher für mich?"

Finch grinste und deutete auf das ansehnliche Messer in ihrem Gürtel. „Schätze, gefährlich ist es nur für die anderen."

Mit ablaufendem Wasser machte die ‚Scylla' die Leinen los, setzte die Segel und steuerte mit Kurs Ostsüdost in den beginnenden Tag.

*

Drei Tage später und 500 Seemeilen weiter östlich. „Komme von Süden mit kleinem Schiff. Manch großes scheiterte schon am Riff", zitierte Finch, während er sich mit Aioia über die Seekarte beugte. Sie hatte sich dann doch für seine Kajüte entschieden (wo er ihr seine Koje überlassen hatte). „Es gibt nur eine Insel, auf die diese Beschreibung passt: La Paleda. Sie ist von einem Korallenriff umgeben und hat eine schmale Zufahrt von Süden."

„Mit Verlaub, John Finch, du meinst, du kennst nur eine. Heißt das aber auch, dass es nur eine gibt?"

„Ich kenne jede verdammte Insel des Pazifik!" Finch schlug mit der Faust auf den Tisch. „Sogar die, die erst nach dem unrühmlichen Ende Francesco d'Adenards entdeckt wurden."

„Schon gut." Es klang etwas unwirsch, und er hatte den Eindruck, dass die Erwähnung des Piraten sie unangenehm berührte. „Was hast du eigentlich der Mannschaft erzählt, was der Zweck unserer Reise ist?"

„Ich muss meiner Mannschaft nicht erzählen, was der Zweck dieser Reise ist. Inoffiziell weiß jeder, dass wir Nüsse nach Tapamanoa transportieren. Offiziell weiß davon keiner, weil wir damit das holländische Handelsmonopol unterlaufen."

178

„Du bist also eigentlich ein Schmuggler, John Finch." Aioia grinste schief.

„Ich würde die Bezeichnung ‚frei schaffender Transportunternehmer' bevorzugen. Jedenfalls wissen meine Leute, dass sie nichts wissen dürfen, und deswegen fragen sie auch nicht. Klar soweit?"

„Woraus ich schließe, dass sie auch nichts von dem Schatz wissen sollen."

„Du schließt korrekt. Ich kenne diese Halunken. Wenn ich sie einweihe und vorschlage zu teilen, dann werden sie sich nicht mit ihrem Anteil zufrieden geben, sondern alles wollen. Also wecke ich erst gar keine Begehrlichkeiten. Ich nenne das psychosoziale Unternehmensführung. Wenn es gut geht, kann ich sie hinterher immer noch beteiligen."

*

„Segel Backbord achteraus!", erklang die Stimme des Ausgucks.

„Verdammt!" Finch sprang auf und stürmte an Deck. „Welchen Kurs steuert er?"

„Parallel zu unserem, wie es scheint!"

Der Kapitän zog sein Fernrohr aus und inspizierte die Silhouette des anderen Schiffs.

„Und?" Aioia war neben ihn getreten.

„Noch nicht eindeutig zu erkennen. Wenn das ein Holländer ist und uns aufbringt, haben wir ein Problem." Er erhob die Stimme und kommandierte: „Kurs Ostnordost."

„Damit kreuzen wir seinen Kurs. Ist das ratsam?"

„Es hilft nichts. Ich will ihn seitlich sehen."

Eine Viertelstunde verging. „Er ändert den Kurs, Käptn!", meldete der Ausguck. „Er versucht uns abzufangen."

179

Finch spähte erneut durchs Teleskop. Jetzt konnte er die Flagge und die Takelung des Anderen erkennen. „Tatsächlich eine holländische Fregatte. Und sie holt auf. Nebraska, wie schnell sind wir?"

Der angesprochene Matrose warf das Log und ließ die Leine abrollen. „Zehn Knoten, Käptn."

„Dann macht der Holländer bestimmt vierzehn. In einer halben Stunde hat er uns."

„Vorm Wind, ja", sagte Aioia. Sie streckte die Hand nach dem Fernrohr aus. „Darf ich mal?"

Finch drückte ihr das Teleskop in die Hand. „Wir haben eine Chance", stellte sie fest. „Mit seiner Besegelung ist er beim Kreuzen im Nachteil."

Finch nickte anerkennend. „Bram- und Marssegel aufgeien", befahl er. „Setzt Klüver und Stagsegel. Kursänderung auf Nordnordwest!"

„Damit laufen wir dem Holländer direkt vor die Kanonen, Käptn", gab Pedro zu bedenken.

„Aber mit Glück kommt er nicht auf Schussweite an uns heran. Na los, worauf wartet ihr, ihr Schnarchlappen? Ausführung!"

„Aye, Käptn!"

Finch sprang selbst dem Rudergänger bei und half ihm, das Steuerrad herumzuwerfen. Die ‚Scylla' krängte beim Anluven erheblich und knarrte und knackte in den Wanten. Die Segel schlugen knatternd, ehe sie wieder den Wind erfassten, und die ‚Scylla' verlor Fahrt. Der Kapitän ließ erneut das Log werfen. „Sechs Knoten."

„Jetzt kommt's drauf an."

Es verging eine bange dreiviertel Stunde, während derer es aussah, als ob der Holländer sie abfangen würde. Dann kreuzten

180

sie seinen Kurs und ließen ihn achteraus. Der Verfolger versuchte noch, ihnen die Breitseite zuzudrehen und sie vor die Geschütze zu bekommen, verlor dabei aber soviel Fahrt, dass er keine Chance mehr hatte. Zwei Stunden später war er außer Sicht, und sie konnten unter vollen Segeln wieder auf ihren ursprünglichen Kurs gehen.

Das Manöver kostete sie einen Umweg von einem halben Tag, aber der Westwind brachte die ‚Scylla' zügig voran, sodass sie Tapamanoa am Abend des folgenden Tages erreichte. Es gab hier nichts, in Worten: nichts, was die Holländer interessieren konnte (deswegen mussten die Nüsse ja importiert werden), folglich gab es hier auch keine Holländer. Das Löschen der Ladung konnte also ohne jede Heimlichkeit vonstatten gehen. Finch erhielt das Geld für die Fracht und zahlte seinen Leuten einen Vorschuss auf die Heuer aus, mit dem sie erwartungsgemäß die nächste Hafenspelunke ansteuerten, um ihn zu versaufen.

Jemand musste als Wache auf dem Schiff bleiben. Der Kapitän übernahm das persönlich und sah sich kurz darauf allein mit Aioia an Deck stehen. „Nun, Käptn, was haben wir vor heute Nacht?"

„Ich hätte da schon den einen oder anderen Vorschlag."

Sie legte ihre Arme um seinen Nacken und lächelte ihn an. „Der eine genügt mir. Den anderen will ich gar nicht wissen."

Kapitel 3

Da sie auf dem Rückweg gegen den Wind kreuzen mussten, war abzusehen, dass es länger dauern würde. Finch nahm entsprechend Proviant auf und dachte auch, ganz entgegen seiner sonstigen Gewohnheiten, an ein Fass Rum von der unverdünnten Sorte.

Aioia verfolgte mit aufmerksamem Auge (sie hatte ja nur eins), wie ein Arbeiter das kostbare Nass die Planke hoch an Bord rollte.

181

Ihr Auge war dabei allerdings nicht das einzige. Die Matrosen tuschelten über die Fracht.

„Was haltet ihr Maulaffen feil?" Finch stand plötzlich breitbeinig an Deck und stemmte die Hände in die Hüften. „Ehe ihr einen Tropfen davon auch nur inhalieren dürft, will ich den Laderaum aufgeklart sehen."

„Käptn, der Laderaum ist..."

„Schnauze! Da liegen noch Nussschalen rum ohne Ende. Was denkt ihr, was passiert, wenn die Holländer uns kontrollieren und auch nur eine einzige finden, wie? He, du! Stell das Fass da hin und verschwinde. Bezahlt ist es. Diego, kümmer' dich darum. Pedro, klar zum Auslaufen! Drück den Leuten, die nichts zu tun haben, einen Besen in die Hand!"

Da es auf der Rückreise nur langsam voran ging und die Anzahl der unbeliebten Nachtwachen sich proportional dazu vergrößerte, konnte Finch sich ausrechnen, dass seine Leute froh sein würden, wenn sie eine dieser Nächte unter dem Schutz einer Insel verbringen konnten. Rein zufällig war das, nach drei Tagen Fahrt, La Paleda. Sie erreichten sie mit schwindendem Tageslicht und ankerten leeseitig in sicherem Abstand von dem Riff. „So Leute. Und jetzt habt ihr euch einen guten Schluck verdient. Pedro, gib den Rum frei."

„Aye, Käptn." Der Bootsmann strahlte über das ganze Gesicht.

*

Finch drehte die Flamme der Laterne herunter, faltete das Papier mit dem geheimnisvollen Text zusammen und steckte es ein. Von Deck erklang ein vielstimmiger Gesang aus rauen Kehlen und erzählte vom ,drunken sailor'. Er öffnete das Fenster seiner Kajüte, das nach achtern hinaus führte und winkte Aioia mit einer Kopfbewegung. „Bereit?"

„Bereit, Käptn." Sie grinste verschwörerisch.

182

Ein Tau hatte Finch im Laufe des Tages unauffällig installiert; es baumelte vor dem Fenster, sie brauchten nur danach zu greifen. Aioia schulterte Köcher und Langbogen, dann schwang sie sich hinaus und kletterte mit dem Geschick einer Zirkusartistin behände das Tau hoch. Oben hing das Dingi, das die ‚Scylla' als Beiboot mitführte. Sie stieg hinein, und Finch griff sich seinerseits das Tau und enterte auf. Nicht ganz so katzenhaft, aber doch zügig. Dann saßen sie beide im Dingi, lösten die Seile und fierten, vorn und achtern im Gleichtakt, das Boot nach unten.

Das Dingi besaß einen Mast mit einem kleinen Segel, aber sie verzichteten darauf, ihn aufzurichten. Da sie die Insel gegen den Wind umrunden mussten, benutzten sie die Riemen und erreichten, im spärlichen Licht des wenige Tage alten Mondes, eine halbe Stunde später die südliche Zufahrt. Sie durchquerten die Lagune und setzen das Boot ans Ufer. „So weit, so gut", stellte Finch, etwas außer Atem, fest, während er zusammen mit seiner Begleiterin das Dingi auf den Strand zog.

Aioia legte ihre Waffen wieder an und hob einen kleinen, sorgsam verschlossenen Krug aus dem Boot. „Die Lagune im Rücken, vor dir die Wand. Suche dort nach dem Symbol einer Hand", zitierte sie.

Die Wand war eine natürliche Erhebung, aber das schwache Mondlicht kam von der falschen Seite, und es war absolut nichts zu erkennen. „Dann brauchen wir jetzt Licht", knurrte Finch.

Die Einäugige nickte. „Dafür haben wir ja das hier." Sie nahm einen Pfeil aus dem Köcher. Er war an der Spitze mit einem Lappen umwickelt, den sie jetzt in den Krug tauchte.

„Ich will die Wand auf möglichst breiter Front beleuchtet haben, ich brauche also einen möglichst weiten Schuss", erklärte Finch und griff nach Aioias Arm, um ihn in den erforderlichen Winkel zu führen. „Schieß dorthin." Mit einem Schwefelholz setzte er den Lappen in Brand. Das Gemisch aus Schwefel, Salpeter und

183

Realgar entzündete sich mit heftiger Leuchterscheinung und begann brennend herunter zu tropfen, während der Pfeil von der Sehne schnellte. Finch öffnete die Augen, die er zugekniffen hatte um nicht geblendet zu werden, und suchte die Wand nach der Signatur einer Hand ab. Tatsächlich gab es zwei Stellen, die im weitesten Sinne den Umriss einer Hand darstellen konnten. Dann schlug der Pfeil auf den Strand auf und glomm noch eine Weile vor sich hin. „Eine gemalt nur, die andre gehauen. Allein der zweiten sollst du vertrauen."

Welches welche war, hatte er nicht erkennen können, aber da er nun wusste, wo er suchen musste, konnte er das Licht konzentrieren. „Sehr gut", lobte er daher seine Begleiterin. „Den nächsten Schuss bitte möglichst hell."

„Und wie mache ich das?"

„Das Zeug tropft vom Pfeil herunter. Die Fläche unter der Flugbahn muss so groß wie möglich sein, dann leuchtet es am meisten."

„Also welcher Winkel?"

Er zeigte es ihr, wobei er die Berührung ihres Arms genoss. Sie merkte das durchaus. „Für diese Art der Beratung habe ich dich ja mitgenommen", lächelte sie.

Der Pfeil wurde entzündet und abgeschossen. Diesmal konnte Finch erkennen, dass nur die eine Hand auf dem Fels reliefartig erhaben war. „Diese ist es." Er zog Aioia dorthin und betastete die steinerne Skulptur, die ein nur mäßig begabter Steinmetz zustande gebracht haben mochte. Er zuckte zusammen, als er merkte, dass die Finger nachgaben und sich bewegen ließen.

„Halt", mahnte sie. „Man muss vermutlich eine bestimmte Kombination der Finger eindrücken. Wir wissen nicht, was bei einer falschen passiert."

„Wie hieß es an der Stelle?" Finch zog das Papier aus der Tasche, und riss ein Schwefelholz an, aber er hätte sich die Finger verbrannt, ehe er alles entziffert hatte. „Irgendwas mit Leibniz und Februar. Ich brauche noch mal Licht. Diesmal möglichst lange."

Das musste er ihr nicht erklären. Sie trat zurück und hob den Bogen mit einem neuen Pfeil. Während dieser sein Licht verströmte, überflog Finch den Text. „Groß ist der Daumen, der Kleine ist klein. So stellte Leibniz die Zahlen sich ein. Nun wähle die Tage im Februar. Wie in den meisten Jahren er war."

„Februar ist klar. Normalerweise hat er 28 Tage", stellte Aioia fest. „Aber was ist mit Leibniz?"

„Leibniz war ein deutscher Philosoph. Er erfand unter anderem ein Zahlensystem, bei dem man mit nur zwei Ziffern auskommt."

Aioia deutete auf die steinerne Hand. „Also Finger runter oder Finger rauf, richtig? Wie würde dieser gelehrte Herr demnach die 28 ausdrücken? Ich schätze, wir müssen die Finger dieser Hand entsprechend bewegen."

Finch rechnete es aus und tat es. Es passierte allerdings nichts. Keine Hymne erklang, kein roter Teppich rollte sich aus, nicht einmal eine Falltür im Boden tat sich auf. „Zum Teufel damit! Das war wohl nichts!"

Seine Partnerin schüttelte ungläubig den Kopf. „Bis hier hat doch alles gestimmt, verflucht! Was haben wir falsch gemacht?"

„Was hat schon gestimmt?", knurrte der Kapitän. „Dass es eine Durchfahrt von Süden gab? Das hatten wir vorher gewusst. Ich hätte besser daran getan..."

Kapitel 4

Niemand erfuhr, woran er besser getan hätte. Als er sich gegen den Stein mit der Hand lehnte, gab dieser nach und drehte sich

185

nach hinten weg. Finch stürzte mit ihm zusammen in eine Höhle. „Da wird doch der Hund in der Pfanne...“

„Alles stimmt“, jubilierte Aioia. „Ich hole Licht.“ Ein Pfeil mit bengalischem Feuer verbot sich hier in der Höhle. Sie rannte zum Boot und kam kurz darauf mit einem Arm voller Fackeln wieder.

Finch erhob sich und klopfte den Dreck von seiner Hose. Im Schein einer Fackel folgten sie einem schmalen Gang, der irgendwie ins Innere der Insel zu führen schien und sich abwärts neigte. Unten schwappte Wasser um ihre Füße. Das Mädchen bückte sich, benetzte einen Finger mit dem Nass und probierte mit der Zunge. „Salzwasser. Das Meer hat hier einen Zugang.“

Finch schlug sich mit der Hand vor die Stirn. „Logisch.“ Er blickte auf das Papier. „Doch komme zur Ebbe, sonst raubt es die Flut. Der Weg ist nur für sechs Stunden gut. – Wenn die Flut kommt, wird sie diesen Gang überspülen. Wir müssen uns beeilen.“

Sie stolperten vorwärts, bis der Gang wieder aufwärts führte, sich vor ihnen plötzlich weitete und in eine Grotte mündete. Im Licht der Fackel glänzte und funkelte es von Gold- und Silbermünzen in aufgetürmten Krügen.

„Der Schatz“, flüsterte Aioia ergriffen. „Der Schatz m... – d'Adenards.“

„Das kriegen wir nicht in sechs Stunden ins Freie“, stellte Finch pragmatisch fest, den kleinen Lapsus Linguae überhörend.

„Abgesehen davon, dass unter der Last das Dingi absaufen würde“, ergänzte Aioia ernüchtert.

„Das ist also ein logistisches Problem. Erstens, wie viele Krüge schaffen wir in sechs Stunden weg? Zweitens, welches Volumen fasst das Boot? Drittens, welches Gewicht trägt das Dingi?“

186

„Ja. Und viertens: wie viele Krüge mit Gold und wie viele mit Silber sollten wir nehmen, um unter diesen Umständen das Maximum an Gegenwert herauszuholen."

„Na, dann lass uns mal rechnen."

„Schade um die Zeit. Rechne du, ich gehe schon mal mit einem Krug los."

„Vergiss nicht das Wiederkommen." Sie quittierte diesen Anflug von Misstrauen mit einem strengen Blick, ergriff eines der Gefäße mit Gold, stöhnte kurz ob des Gewichtes, und wankte davon.

Als sie zurückkehrte, war Finch noch am Rechnen. „Muss ich das jetzt allein machen?", maulte sie.

„Ich brauchte noch die Information, wie lange der Weg dauert. Da du eine Viertelstunde gebraucht hast, kann ich jetzt den Rest berechnen." Aioia ging mit einem weiteren Krug los.

Beim nächsten Mal hatte Finch im Schein seiner in einen Felsspalt geklemmten Fackel eine Reihe von Zahlen mit einem Stück Holzkohle an die Wand gekritzelt. Die schöne Einäugige studierte die Inschrift. „Und?"

„Fertig. Wenn wir den Schnitt halten, können wir in sechs Stunden 48 Krüge raus schaffen. Zwei sind schon draußen. Dann müsste ... ja. Also, die Gewichtsgrenze des Dingi schätze ich auf 800 Pfund. Wir beide sollen ja auch noch rein. Die Krüge mit Goldmünzen wiegen etwa zwanzig Pfund, die mit Silber zehn. Das Volumen ist enger bemessen, wir können das Zeug nicht lose ins Boot werfen, dann sieht es jeder. Wir können es aber in die Proviantkiste schütten, da gehen 40 Gallonen rein. Ein Krug mit Gold hat eine halbe Gallone und einen Wert von 6000 Gulden, einer mit Silber hat eine Gallone, ist aber nur 3600 Gulden wert."

„Erspar uns die Details, John Finch, die Zeit läuft. Also, wie viel von jedem?"

187

Er wies auf die Wand, auf der er zwei Zahlen unterstrichen hatte, eine für Gold, eine für Silber. „Wir machen jeweils einen Strich für einen Krug, damit wir uns nicht verzählen." Die ersten beiden Striche bei ‚Gold' setzte er gleich.

„Na dann los."

Sie schufteten verbissen bis in die Morgenstunden, wobei mit nachlassenden Kräften der Weg zunehmend länger dauerte. Dennoch beharrte Finch darauf, die ins Auge gefassten 48 Krüge zu bergen. Die Ebbe war längst überschritten; die Flut stieg jetzt unaufhaltsam. Mit den letzten beiden Gefäßen wateten sie schon durch hüfthohes Wasser, und es war klar, dass sie tatsächlich keinen weiteren Gang mehr schaffen würden. Erschöpft ließen sie sich neben dem Höhleneingang in den Sand fallen. Eine Weile lang hörte man nur ihren heftigen Atem. „Sollten wir nicht die Höhle wieder verschließen?", fragte Aioia schließlich.

„Ich glaube, das ist nicht nötig. Dieser Fels ist aus Bimsstein. Der schwimmt auf Wasser. Die Flut wird ihn, wenn sie ihren höchsten Stand erreicht, allein wieder schließen."

Sie lehnte sich an seine Schulter. „Dann müssen wir jetzt also nur noch an Bord kommen."

„Zum Glück müssen wir nicht rudern. In dieser Richtung können wir mit dem Wind segeln."

„Aber der Mond ist untergegangen. Man sieht die Hand vor Augen nicht."

„Wir kippen das restliche bengalische Feuer über die Lappen und zünden es an. Dann haben wir genug Licht, um die Durchfahrt zu finden." Er erhob sich und reichte ihr eine Hand. „Packen wir's?"

„Aye, Käptn." Aioia ließ sich aufhelfen; dann sorgten sie für Licht, schoben das beladene Dingi ins Wasser, richteten den Mast auf und setzten das Segel.

188

Als sie die ‚Scylla' erreichten, herrschte absolute Stille an Bord. Hier und da lag ein Seemann schnarchend an Deck, die anderen hatten es mit ihren benebelten Köpfen noch in die Koje geschafft. Finch und seine Partnerin schlugen die Taljen vorn und achtern an und fierten das – nun etliche Pfund schwerere – Boot nach oben, was sie trotz des Kräfte verstärkenden Flaschenzugs noch einmal gehörig ins Schwitzen brachte. Auf dem gleichen Wege, auf dem sie sie verlassen hatten, kletterten sie in die Kapitänskajüte zurück und entledigten sich ihrer nassen Klamotten. Den Punkt, an dem sie sich voreinander genierten, hatten sie inzwischen hinter sich gelassen.

*

Zwei Wochen lang träumten John Finch und Aioia gemeinsam davon, was sie mit ihrem Reichtum alles machen würden – und bemühten sich, keinen allzu verdächtigen Blick nach dem Dingi zu werfen, in dem sie ihren Anteil des Schatzes wussten. Die letzte Nacht verging. Nach dem gestrigen Besteck müsste heute ihr Heimathafen Lotofaga in Sicht kommen. Finch räkelte und streckte sich in der Koje und griff neben sich – ins Leere. „Aioia?"

Er öffnete verwirrt die Augen. Er hatte sich daran gewöhnt, die Schöne neben sich liegen zu haben, beim Erwachen ihren Geruch zu spüren, sie in den Arm zu nehmen. Aber der Platz war verlassen. „Aioia, Liebste, mein Sonnenschein, wo bist du?"

Nachdem er keine Antwort bekam, kleidete er sich an und hastete an Deck. „Pedro!", befahl er seinen Bootsmann zu sich.

„Käptn?"

„Hast du Aioia gesehen?"

„Zu Befehl, Käptn. Sie hat in der ersten Morgendämmerung das Dingi zu Wasser gelassen, das Segel gesetzt und ist..."

189

„Wie bitte?", herrschte Finch ihn an. „Allein? Und das hast du zugelassen?"

Pedro zuckte mit den Schultern. „Ein Befehl von Aioia ist zu befolgen, als komme er von dir selbst. Deine eigenen Worte, Käptn! Wir passierten gerade Nu'utele und sie sagte, sie habe dort etwas zu erledigen. In deinem Auftrag."

Finch unterdrückte einen Fluch, weil er schlecht zugeben konnte, was sich in dem Boot befunden hatte. „Wann genau war das?"

„Zwei Glasen der Morgenwache. Nebraska hat ihr noch mit dem Dingi geholfen, weil es ihr allein zu schwer war."

‚Und hast du's geborgen, nutze es weise. Neidische Schlangen folgen dir leise', dachte Finch voller Ingrimm. Diese Ausgeburt der Hölle hatte ihn nur benutzt, um den Schatz zu bergen und sich dann damit aus dem Staub zu machen. Er hätte sie an der Rah aufgehängt, eigenhändig, wenn er sie denn gehabt hätte. Aber die Insel Nu'utele lag jetzt zwei Stunden achteraus, und bei dem herrschenden Wind hatte Aioia sie längst erreicht. Zumal sie zweifellos etwas vom Segeln verstand. Und er konnte sich jetzt vor der Mannschaft nicht die Blöße geben, umzukehren und sie zu verfolgen; das hätte unangenehme Fragen nach sich gezogen. Zähneknirschend beließ er die ‚Scylla' auf dem alten Kurs.

*

Runde drei Stunden später machten sie in Lotofaga fest. Dann führten seine Schritte den Kapitän auf direktem Wege an die Theke des ‚Café Paris', und wenige Augenblicke später hatte er bereits zwei Becher Rum geleert.

„Du genießt ihn gar nicht, Finch", stellte Jack fest. „Ist was passiert?"

„Halt's Maul und schenk nach!"

190

Finchs nicht mehr ganz klarer Blick wanderte an der Wand mit dem Flaschenregal entlang. „Hing das Bild da schon immer, Jack?"

Der Wirt folgte dem ausgestreckten Arm des Kapitäns. „Das da? Nein. Habe ich neulich beim Ausfegen gefunden. Ist ein Steckbrief des alten Seeräubers Francesco d'Adenard. Ich dachte, ist doch 'ne hübsche Deko für eine Hafenkneipe."

Finch rutschte vom Stuhl, umrundete etwas unsicheren Schrittes den Tresen und trat an das Bild. Dann verdeckte er mit einer Hand den Bart des Abgebildeten und mit der anderen den Hut. „Siehst du, was ich sehe, Jack?"

„Nein. Was soll ich sehen?"

„Gib mir ein Stück Kohle."

Verständnislos fischte Jack eines aus dem Herd und drückte es dem Kapitän in die Hand. Finch malte dem Bildnis des Piraten mit der Holzkohle eine Augenklappe über das rechte Auge. Dann verdeckte er wieder Bart und Hut. „Und jetzt?"

Der Wirt kratzte sich am Hinterkopf. „Das ... Donnerwetter! Man muss wohl so besoffen sein wie du, John, um darauf zu kommen."

Von der Wand blickte ihn jetzt Aioia an. Ihre Geschichte, wie sie an den Plan des Schatzes gekommen sei, war zweifellos erfunden. Sie hatte ihn nicht einem etwas beschränkten Sohn d'Adenards abgekauft, wie sie behauptet hatte. Nein, sie selbst war eine d'Adenard; vermutlich Francescos Tochter. Und sie hatte sich ihr Erbe geholt. Nicht mehr und nicht weniger.

An dieser Stelle könnte die Geschichte zuende sein. Aber die (hoffentlich noch immer) geneigte Leserschaft erinnert sich vielleicht, dass eingangs von einer Schokolade die Rede war. Dieses Rätsel harrt zweifellos noch seiner Auflösung. Dazu müssen wir allerdings fünf Jahre ins Land gehen lassen und begeben uns dann noch einmal ins ‚Café Paris'.

191

Kapitel 5

„Du hast ein Problem, John", stellte Jack fest, während er den in sein Glas starrenden Kapitän Finch mitleidig betrachtete.

„Erzähl mir nicht, dass ich ein Problem habe. Das weiß ich selbst. Ich habe nur keine Lösung", knurrte Finch. Tatsächlich hatte er das Problem seit fünf Jahren. Seit diese Aioia mitsamt dem Schatz aus seinem Leben verschwunden war. Seit er nicht einmal genau wusste, ob er eher dem Schatz oder eher der Frau nachtrauerte. Er schob dem Wirt das leere Glas hin. „Gib mir von dem verdünnten. Er schmeckt ebenso wenig wie der echte."

„Warum trinkst du dann überhaupt?"

„Um das Vorurteil zu bedienen, dass man ans Trinken gerät, wenn man Probleme hat."

„Na, du hast vielleicht Probleme."

Die Tür des Lokals flog auf. Herein stürmte Pedro, der Bootsmann der ‚Scylla'. Es blickte kurz um sich, fand seinen Kapitän an der Theke und eilte auf ihn zu. „Käptn, wir haben ein Problem."

„Sag ich doch...", begann Finch, aber Pedro fuhr unbeirrt fort: „Im Hafen hat ein Holländer festgemacht. Ein Trupp holländischer Marinesoldaten hat gerade die ‚Scylla' geentert. Sie suchen dich. Ich konnte mich gerade noch absetzen, aber sie müssen in wenigen Augenblicken hier sein."

„Verflucht!" Finch sah gehetzt um sich und begriff, dass er jetzt ein neues, größeres Problem am Hals hatte. Eines, bei dem besagter Hals möglicherweise in einer Schlinge am Galgen enden würde. „Du musst mich hinten rauslassen, Jack."

Der Wirt winkte dem Kapitän und führte ihn zum hinteren Ausgang der Spelunke. „Hier lang. Und viel Glück!"

192

Danach sah es allerdings nicht aus. Finch drückte sich durch die Tür. Es war Abend, und die rückwärtige Gasse war unbeleuchtet. Die Männer, die auf ihn warteten, bemerkte er erst, als sie zu mehreren über ihn her fielen, ihn fesselten, knebelten und in ein leeres Fass stopften. Sein Widerstand war kurz, zwecklos und (als Folge des bereits konsumierten Rums) auch nicht sehr koordiniert.

Eine Verhaftung durch die Holländer hatte er sich zwar irgendwie anders vorgestellt, aber sicher war er nicht. Eine Weile passierte nichts. Dann wurde das Fass auf die Seite gelegt und über das Pflaster gerollt. Finch wurde dabei gehörig durchgeschüttelt, und obwohl er eigentlich seefest war, sorgte das Herumwirbeln dafür, dass ihm schlecht wurde. Er kämpfte verzweifelt gegen die Übelkeit an, denn da der Knebel ihn am Erbrechen hindern würde, riskierte er zu ersticken, falls tatsächlich...

In dem Augenblick kam das Fass zur Ruhe. Finch war jetzt wieder nüchtern, aber auch nachdem sich der Schwindel gelegt hatte, blieb ein leichtes Schwanken und ließ ihn vermuten, dass er sich auf einem Schiff befand. Dann wurde das Fass aufrecht gestellt und der Deckel entfernt. Kräftige Fäuste zerrten den Geschundenen aus dem Behälter. Jemand löste seinen Knebel, und er schnappte erst einmal nach Luft, unfähig etwas zu sagen.

„Tut mir Leid, John Finch", vernahm er eine Stimme, die ihm verdammt bekannt vorkam, „aber das war die einzige Möglichkeit, dich den Holländern noch vor der Nase wegzuschnappen."

„Aioia!", entfuhr es ihm. „Verdanke ich etwa dir diese Entführung, du Miststück?"

„Du erinnerst dich an mich", stellte sie mit ironischem Tonfall fest. „Wie schön. Dann war meine Mühe ja nicht umsonst. Eine Entführung möchte ich es aber nicht nennen. Ein Bekannter von mir hätte jetzt gesagt, er würde es lieber als einen strategischen Befreiungsschlag bezeichnen." Im Licht einer Bootslaterne konnte

193

er sehen, dass die Einäugige noch ebenso schön war wie vor fünf Jahren, nur inzwischen besser bewaffnet. Sie trug zusätzlich zum Messer eine Pistole am Gürtel, und auf dem Rücken immer noch den notorischen Langbogen.

„Aioia d'Adenard! Du verdammtes Stück von einer..."

„Ah, das weißt du inzwischen auch." Sie legte ihm sanft eine Hand auf die Schulter. „Bindet ihn los. Und du, John, hältst jetzt bitte erst einmal den Mund. Du hast hier nämlich nichts zu sagen. Ich bin hier der Kapitän, und das sind meine Leute."

Sie erhob die Stimme. „Klar zum Ablegen! Fock und Großsegel setzen!" Dann winkte sie dem Rudergänger: „Mister Sulu, bringen Sie uns raus."

„Aye, Käptn!"

„Ich verstehe immer ‚Käptn'," wunderte sich Finch, während er die letzten Stricke abstreifte, mit denen man ihn gebunden hatte.

„Du verstehst richtig. Willkommen auf der ‚Charybdis'."

„Dein Schiff?"

„Mein Schiff."

„Na ja, genug Kapital wirst du ja gehabt haben!", knurrte Finch.

Leinen wurden losgeworfen. Man hörte, wie die Brise die Segel erfasste; Taue knarrten, das Schiff legte sich unternehmungslustig in den Wind und steuerte zwischen den Leuchtfeuern der Hafenausfahrt hindurch.

„Kurs Südwest, nach Vava'u! Setzt die übrigen Segel, sobald wir raus sind!", kommandierte Aioia und fügte hinzu: „Ich bin dann in meiner Kajüte." Sie griff nach John Finchs Hand. „Komm mit, ich erklär' dir alles."

„Da bin ich aber mal gespannt. Du wirst einiges zu erklären haben."

194

Sie zog die Tür der Kapitänskajüte hinter sich zu und hängte ihren Langbogen an eine Wand. „Setz dich. Du erinnerst dich an das Papier, das uns zu dem Schatz meines Vaters geführt hat?"

Finch blieb stehen. „Sehr deutlich. Von neidischen Schlangen war da die Rede," polterte er.

„Scht!", machte Aioia, „nicht so laut!"

„Mama?", erklang ein zartes Stimmchen aus einem Winkel der Kajüte.

„Jetzt hast du ihn geweckt!" Aioia ging dorthin, wo ein vielleicht vierjähriger lockenköpfiger Knabe in einer Hängematte lag, der jetzt verschlafen blinzelte. Sie strich ihm über die Haare. „Alles in Ordnung, mein Schatz."

„Wer ist das?", fragte Finch, obwohl er die Antwort schon ahnte.

„Darf ich dir deinen Sohn vorstellen? Das ist John Francesco junior." Sie gab dem Kleinen einen Kuss auf die Stirn. „Schlaf weiter, mein Schatz."

In Finch arbeitete es erkennbar am Verdauen der Erkenntnis, dass er Vater geworden war. Aioia fasste ihn bei der Schulter und drückte ihn nun endlich in einen Stuhl.

„Wir waren bei den neidischen Schlangen. Vermutlich hast du mir unterstellt, dass ich eine davon bin. Aber dahinter ging es noch weiter: ‚Sicher ist nur, was zu groß ist zum Tragen', endete der Rat meines Vaters. Und an den habe ich mich gehalten."

„Das heißt?"

„Nachdem der Knabe da war, habe ich ein Schiff gekauft und eine Mannschaft angeheuert. Die Jungs sind mir treu ergeben, weil ich sie gut bezahle..."

„Was Wunder..."

„...und ich habe ein Stück Land erworben, auf Vava'u. Das Eiland gehört zur britischen Krone, also kein Ärger mit Holländern. Wunderbares Klima."

„Na toll. Und was machst du mit einem Stück Land mit wunderbarem Klima? Ein Sanatorium?"

„Lass mich doch mal ausreden. Ich habe dort eine Kakao-Plantage angelegt. Gold ist irgendwann aufgebraucht. Aber Kakao wächst nach und bedeutet ein sicheres Einkommen für uns."

„Und wen genau meinst du mit ‚uns'?"

„Dich und mich und unseren Sohn. Stell dir vor, ich habe unseren gemeinsamen Traum von damals die ganze Zeit über weiter geträumt."

„Und warum, zum Teufel, hast du mich dann fünf Jahre lang schmoren lassen?"

„Um Fakten zu schaffen, mit denen ich dich überzeugen kann. Fünf Jahre brauchen die Kakaobäume, bis sie erstmals tragen. Ab jetzt wirft die Plantage Gewinn ab. Was denkst du, John, wollen wir heiraten?"

Eine Weile sahen sie sich schweigend an, Aioia etwas amüsiert, John etwas ungläubig. Dann fielen sie sich in die Arme und küssten sich. Sie nahm das mal als ein Ja.

Epilog

Die Kakao-Plantage Aioia d'Adenards, heißt es, sei die Basis für die später entstandene Schokoladenmanufaktur ‚Choco de la Mar' gewesen. Vermutlich hatte der Zeichner, als er die Verpackung für die Sorte ‚Soupçon de Sel' entwarf, diese Legende vor Augen. Und so verewigte er die Schatzinsel auf einer im historischen Stil gezeichneten Seekarte und dekorierte sie, im Andenken an die Gründerin, mit einem einäugigen Meerweib.

ৡঽ

Anmerkung: *Ich dachte mir, an den Schluss dieser Sammlung sollte ich eine Geschichte mit einem „klassischen" Happy End setzen. Handlung und Personen sind (natürlich) frei erfunden. Sparen Sie sich also die Mühe, im Laden nach der Schokolade zu suchen. Falls es eine Schokoladenmanufaktur ‚Choco de la Mar' tatsächlich geben sollte (Internetrecherche ergab keine Treffer), so bekomme ich zumindest nichts für die Werbung.*

Übrigens sorry wegen der Bewaffnung der Hauptpersonen. Das waren damals andere Zeiten. Heute würde man natürlich alles mit Konfliktlotsen regeln.

Credits: Ja, die Story ist ein ganz klein wenig von „Fluch der Karibik" inspiriert. Für die Anregung danke ich den Drehbuchautoren: Stuart Beattie, Ted Elliott, Terry Rossio, Jay Wolpert.

Ein paar Zitate habe ich allerdings aus Star Trek und aus Raumpatrouille Orion entliehen.

Aufgaben:

1. Nehmen Sie an, Aioias Fingerfertigkeit ermöglichte es ihr, zwei Nüsse zu vertauschen, ohne dass ihr Gegenspieler es bemerkte. Dann konnte sie zu Beginn Finch immer verlieren lassen.

Finch änderte seine Spielweise so, dass er (im Durchschnitt) jedes zweite Spiel gewann. Welche Strategie wandte er an?

Aioia merkte nach einer Weile, welche Strategie Finch spielte und veränderte ihr Verhalten so, dass er (im Durchschnitt) nur noch jedes vierte Spiel gewann. Was tat sie?

Finch reagierte mit einer neuen Strategie, bei der er ein Drittel der Spiele gewinnen konnte. Welche war es?

197

Hätte Aioia dem noch etwas entgegensetzen können, das Finchs Chancen wieder verschlechterte?

Berechnen Sie für jede der Strategien den Erwartungswert für Finchs Verlust bzw. Gewinn.

2. Bei der Verfolgungsjagd haben die Schiffe zu Beginn einen Abstand von 2 sm (= Seemeilen) in Ost-West-Richtung (x-Richtung). Dann steuert die ‚Scylla' Kurs NNW mit 6 kn (= Knoten), die holländische Fregatte versucht sie abzufangen und steuert Kurs Nord mit 5 kn (1 kn = 1 sm/h; 1 sm = 1852 m; Sie rechnen aber zweckmäßigerweise in sm).

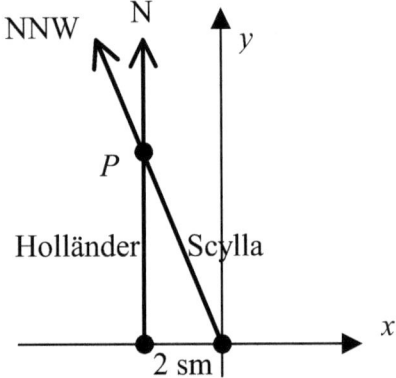

Bestimmen Sie die Koordinaten des Punktes P, an dem die beiden Kurslinien sich schneiden. Berechnen Sie, wie lange jedes der Schiffe bis zu diesem Punkt braucht.

3. Stellen Sie eine Funktion auf, die den Abstand der Schiffe in Abhängigkeit von der Zeit beschreibt.

Bestimmen Sie dann das Minimum dieser Funktion, d.h. den Zeitpunkt, an dem dieser Abstand minimal wird, sowie den Betrag des Abstandes zu diesem Zeitpunkt. Auf die Untersuchung der 2. Ableitung dürfen Sie verzichten.

198

4. Die Reichweite der holländischen Kanonen beträgt 450 fm (= nautische Fadenlängen, wobei 1 fm $= \frac{1}{1000}$ sm $= 1,852$ m). Zeigen Sie, dass sie auch am Punkt der kürzesten Entfernung die Scylla nicht erreichen können.

5. Die Flugbahn eines Pfeils ist eine Parabel. Sie wird durch den Abschusswinkel α und die Abschussgeschwindigkeit v bestimmt. Dann bewegt sich der Pfeil in x-Richtung gemäß

$$x(t) = v_x \cdot t = v \cdot \cos(\alpha) \cdot t$$

und in y-Richtung gemäß

$$y(t) = v_y \cdot t - \frac{1}{2} \cdot g \cdot t^2 = v \cdot \sin(\alpha) \cdot t - \frac{1}{2} \cdot g \cdot t^2.$$

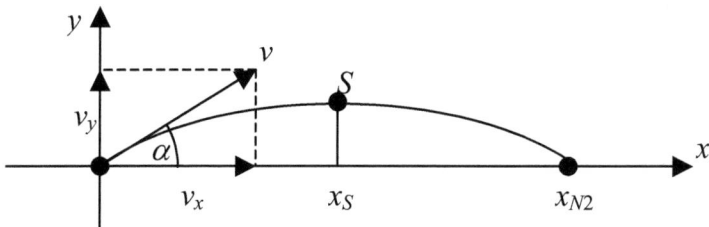

g ist der Ortsfaktor bzw. die Fallbeschleunigung ($g \approx 10$ m/s²).

Die Parabel hat eine Nullstelle bei $x_{N1} = 0$ m und eine weitere bei x_{N2}, abhängig von α. Ihr höchster Punkt ist der Scheitelpunkt S, für dessen x-Koordinate stets gilt: $x_S = \frac{1}{2} \cdot x_{N2}$.

Bestimmen Sie den erforderlichen Abschusswinkel α, damit
 - die Schussweite
 - der Inhalt der Fläche zwischen Kurve und x-Achse
 - die Flugdauer des Pfeils
maximal wird.

Tipp: Es ist einfacher, wenn Sie nicht α, sondern $v_x = v \cdot \cos(\alpha)$ als Variable wählen und daraus α erst am Ende bestimmen. Die Lösung ist eigentlich von v unabhängig; wenn Sie einen Wert haben wollen, rechnen Sie mit $v = 80$ m/s. Auf die Untersuchung

199

der zweiten Ableitung darf wiederum verzichtet werden, da es aus der Logik des Problems folgt, dass es ein Maximum ist.

6. Die Finger der steinernen Hand lassen sich bewegen. Der Daumen hat die größte Wertigkeit, der kleine Finger die geringste. Stellen Sie 28 im Zweiersystem dar und geben Sie an, welche Finger eingedrückt werden müssen, um die Höhle zu öffnen.

7. Es können maximal 48 Krüge mit Münzen geborgen werden. Ein Krug Silber wiegt 10 lb (= Pfund), einer mit Gold 20 lb. Das Boot kann mit 800 lb beladen werden. Das Volumen eines Krugs Silber beträgt 1 gal (= Gallone), das Volumen eines Krugs Gold 0,5 gal. Im Boot ist Platz für 40 gal. Der Wert der Silbermünzen in einem Krug beträgt 3600 Fl (= Gulden), der Wert der Goldmünzen 6000 Fl.

Bestimmen Sie die Anzahl der Krüge mit Gold und mit Silber, die unter diesen Bedingungen geborgen werden müssen, um den maximalen Gegenwert zu erzielen.

8. Mit welcher Winkelgeschwindigkeit wird Finch in einem Fass von 30 cm Radius herumgewirbelt, das mit 3 km/h gerollt wird? Wie vielen Umdrehungen pro Minute entspricht das?

9. (Kleine Zugabe zur Entspannung:) Der Name **AIOIA** ist palindromisch und spiegelsymmetrisch, ebenso wie etwa **MUM** oder **OTTO**. Kann es Namen geben, die palindromisch sind, aber nicht spiegelsymmetrisch? Kann es Namen geben, die spiegelsymmetrisch sind, aber nicht palindromisch (jeweils bei senkrecht verlaufender Spiegelachse)?

Lösungen der Aufgaben

Ein paar Worte zum Thema Maßeinheiten

Ich weiß, dass es Kolleginnen und Kollegen gibt, die darauf bestehen, in einer Größenrechnung alle Maßeinheiten mitzuführen.

Nun hat im Jahre 1960 die Generalkonferenz für Maße und Gewichte das so genannte SI-System festgelegt (Système International d'unités, womit „SI-System" ein Pleonasmus ist, allerdings ein allgemein üblicher, ähnlich wie „ASCII-Code" oder „ISBN-Nummer"). Danach sind alle Längen in Meter, alle Massen in Kilogramm, alle Zeiten in Sekunden usw. anzugeben. Das hat einen enormen Vorteil: Wenn man alle Größen in SI-Einheiten in eine Rechnung hineinschickt, kommt das Ergebnis auch in SI-Einheiten heraus. Dadurch ist das Mitführen von Maßeinheiten in der Rechnung absolut entbehrlich.

Historische Einheiten wie Gallone und Pfund, ebenso wie die in der Navigation verwendeten Maßeinheiten nautische Meile und Knoten, fallen zwar aus diesem Schema, aber wenn man innerhalb einer Rechnung konsequent in dem gewählten Einheitensystem bleibt, wird auch hier das Ergebnis im gleichen System stehen.

Allerdings hat sich auch 60 Jahre später das SI immer noch nicht allgemein durchgesetzt. Atomphysiker messen Längen immer noch in Ångström und Angelsachsen in Zoll und Meilen. Von angelsächsischen Atomphysikern ganz zu schweigen. Man sollte sich darüber klar sein, dass eine Vermischung der Einheiten tödlich ist und zum Beispiel zum Absturz der Marssonde „Mars Climate Orbiter" geführt hat, ein 125 Millionen Dollar teurer Fehler.

In meinen Lösungswegen habe ich mit Rücksicht auf die Puristen unter der Leserschaft alle Einheiten gnadenlos mitgeführt. Das ist lästig, und die Formeln werden dadurch teilweise pathologisch. Wen das stört, der fühle sich frei, die Einheiten wegzulassen; wäre ich mit mir und meiner Klasse allein, würde ich es auch tun.

Der Schatten der Pyramide – Lösungen

Aufgabe 1:

$x_1 = 3$.

Abspalten der Lösung durch Polynomdivision:

$(x^5 - 3x^4 - 5x^3 + 15x^2 + 6x - 18) : (x - 3) = x^4 - 5x^2 + 6$
$= z^2 - 5z + 6$ mit $x^2 = z$.

Restliche Lösungen:

$z_1 = 2$; $z_2 = 3$ und dann $x_2 = \sqrt{2}$; $x_3 = -\sqrt{2}$; $x_4 = \sqrt{3}$; $x_5 = -\sqrt{3}$.

Aufgabe 2:

Mit Sonnenaufgang um 4 Uhr und Sonnenuntergang um 20 Uhr hat man 16 Stunden Tageslicht. Dies entspricht 12 Temporalstunden. Die Temporalstunde ist also 16 • 60 min / 12 = 80 min lang. Die neunte Stunde ist 9 • 80 min = 720 min nach Sonnenaufgang, oder 720 min : 60 (min/h) = 12 h nach Sonnenaufgang, also 4 Uhr + 12 h = 16 Uhr.

Aufgabe 3:

Richtungsvektor Sonnenstrahl:

$x = 5$ m • $\sin(53{,}1°) \approx 4$ m; $y = 5$ m • $\cos(53{,}1°) \approx 3$ m ;

ergibt Vektor $\vec{v} = \begin{pmatrix} -4 \text{ m} \\ -3 \text{ m} \\ -5 \text{ m} \end{pmatrix}$.

Aufgabe 4:

Höhe der Pyramide aus Strahlensatz $\dfrac{h}{2 \text{ m}} = \dfrac{92 \text{ m}}{2{,}3 \text{ m}}$

ergibt $h = 2$ m $\cdot \dfrac{92 \text{ m}}{2{,}3 \text{ m}} = 80$ m.

Koordinaten der Pyramidenspitzen:

S_1 (30 m | 30 m | 80 m); S_2 (70 m | 100 m | 80 m).

Aufgabe 5:

Sonnenstrahl g : $\quad \vec{r} = \begin{pmatrix} 70 \text{ m} \\ 100 \text{ m} \\ 80 \text{ m} \end{pmatrix} + t \cdot \begin{pmatrix} -4 \text{ m} \\ -3 \text{ m} \\ -5 \text{ m} \end{pmatrix}$;

Pyramidenflanke E: $\quad \vec{r} = \begin{pmatrix} 60 \text{ m} \\ 60 \text{ m} \\ 0 \text{ m} \end{pmatrix} + r \cdot \begin{pmatrix} -60 \text{ m} \\ 0 \text{ m} \\ 0 \text{ m} \end{pmatrix} + s \cdot \begin{pmatrix} -30 \text{ m} \\ -30 \text{ m} \\ 80 \text{ m} \end{pmatrix}$.

Bestimmung des Schnittpunktes:

Gleichungssystem:

$70 \text{ m} - 4 \text{ m} \cdot t = 60 \text{ m} - 60 \text{ m} \cdot r - 30 \text{ m} \cdot s$;
$100 \text{ m} - 3 \text{ m} \cdot t = 60 \text{ m} \qquad\quad - 30 \text{ m} \cdot s$;
$80 \text{ m} - 5 \text{ m} \cdot t = \qquad\qquad\qquad\; 80 \text{ m} \cdot s$;

umgeformt:

$60 \text{ m} \cdot r + 30 \text{ m} \cdot s - 4 \text{ m} \cdot t = -10 \text{ m}$;
$30 \text{ m} \cdot s - 3 \text{ m} \cdot t = -40 \text{ m}$;
$-80 \text{ m} \cdot s - 5 \text{ m} \cdot t = -80 \text{ m}$.

Wird gelöst durch

$$r = \frac{173}{234} \approx 0{,}739 \; ; \; s = \frac{4}{39} \approx 0{,}103 \; ; \; t = \frac{560}{39} \approx 14{,}359 \; .$$

Koordinaten des Schattens:

$$\vec{r_P} = \begin{pmatrix} 70 \text{ m} \\ 100 \text{ m} \\ 80 \text{ m} \end{pmatrix} + \frac{560}{39} \cdot \begin{pmatrix} -4 \text{ m} \\ -3 \text{ m} \\ -5 \text{ m} \end{pmatrix} \approx \begin{pmatrix} 12{,}56 \text{ m} \\ 56{,}92 \text{ m} \\ 8{,}21 \text{ m} \end{pmatrix} \; .$$

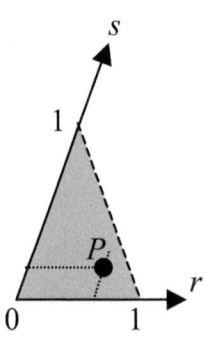

Der Vollständigkeit halber wäre noch zu klären, ob der so berechnete Punkt wirklich innerhalb der Seitenfläche der Pyramide liegt, und nicht etwa außerhalb. Dies ergibt sich aber aus den affinen Koordinaten $(r;s)$ des Schnittpunktes. Da $r > 0$ und $s > 0$ sowie $r + s = \frac{197}{234} < 1$ ist, ist dies der Fall.

Aufgabe 6:

Länge der Leiter:

$$L \approx \sqrt{(60 \text{ m} - 56{,}92 \text{ m})^2 + (8{,}21 \text{ m})^2}$$

$\approx 8{,}77$ m .

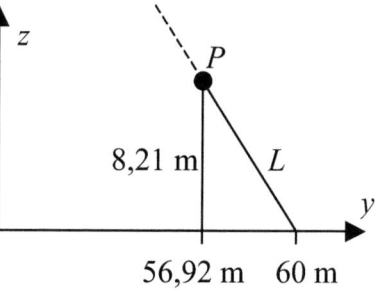

Anstellpunkt der Leiter ist 12,56 m von der südöstlichen Ecke der nördlichen Pyramide.

Aufgabe 6:

Es gibt 8 mögliche Positionen für die schwerere Kugel und dann jeweils noch 7 für die leichtere:

$N = 8 \cdot 7 = 56$ Möglichkeiten.

Aufgabe 7:

Liegt die schwerere Kugel auf einer der beiden Randpositionen, so bleiben noch je 6 Positionen für die leichtere.

Liegt die schwerere Kugel auf einer der 6 inneren Positionen, so bleiben für die leichtere noch jeweils 5 Positionen. Zusammen:

$N' = 2 \cdot 6 + 6 \cdot 5 = 42$ Möglichkeiten.

Formeln des Verbrechens – Lösungen

Aufgabe 1:

Es sei x die Strecke, die Watson zu Fuß ging. Dann fuhr er die Stecke $5,5 \text{ mil} - x$ mit dem Fuhrwerk. Die Geschwindigkeiten sind $v_1 = 9$ mph (Fuhrwerk) und $v_2 = 3$ mph (Fußmarsch). Die Zeiten, die er für die Teilstrecken benötigte, sind entsprechend:

$$t_1 = \frac{5,5 \text{ mil} - x}{9 \text{ mph}} \quad \text{und} \quad t_2 = \frac{x}{3 \text{ mph}}.$$

Dabei soll $t_1 + t_2 = 1$ h sein. Dies ergibt:

$$\frac{5,5 \text{ mil} - x}{9 \text{ mph}} + \frac{x}{3 \text{ mph}} = 1 \text{ h} \qquad |\cdot 9 \text{ mph}$$

$$
\begin{aligned}
5,5 \text{ mil} - x + 3x &= 1 \text{ h} \cdot 9 \text{ mph} \quad |\,T \\
5,5 \text{ mil} + 2x &= 9 \text{ mil} \quad |-5,5 \text{ mil} \\
2x &= 3,5 \text{ mil} \quad |:2 \\
x &= 1,75 \text{ mil}
\end{aligned}
$$

und $t_2 = \dfrac{1,75 \text{ mil}}{3 \text{ mph}} = \dfrac{7}{12} \text{ h} = 35$ min. Watson ging also 1,75 Meilen zu Fuß und brauchte dafür 35 Minuten.

Aufgabe 2:

Die Diagonale Nr. n hat die Gleichung $x + y = n$. Geht man nur in positiver Richtung, so hat man vom Ursprung zum Punkt ($x \mid y$) genau x Schritte senkrecht und y Schritte waagerecht zu gehen, wobei die Reihenfolge aber egal ist. Man kann sich also aussuchen, welche x der $x + y$ Schritte man senkrecht geht, die restlichen y sind dann waagerecht.

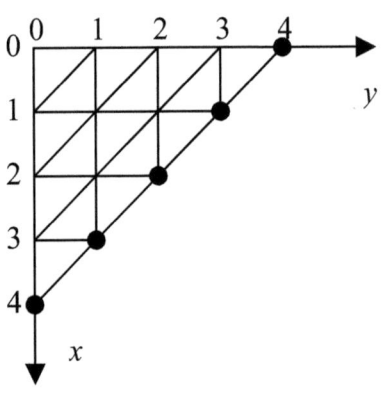

208

Zum Erreichen des Punktes $(x \mid y)$ hat man senkrecht x aus $x + y$ $= \binom{x+y}{x}$ Möglichkeiten, also genau die Binomialkoeffizienten. Im Unterricht habe ich die Sprechweise „x aus $x + y$" der Sprechweise „$x + y$ über x" vorgezogen, weil sie unmittelbar verdeutlicht, dass es sich um Auswahlmöglichkeiten handelt – wie z.B. bei $\binom{49}{6}$. Alternativ kann man wie folgt argumentieren: Zu den Randpunkten des Gitters führt jeweils genau ein Weg. Von den übrigen Punkten hat jeder Punkt auf der Diagonalen n genau zwei Vorgänger auf der Diagonalen $n - 1$, von denen aus er zu erreichen ist. Die Zahl der Wege zu diesem Punkt ist also die Summe der Wege zu den beiden Vorgängern. Das ist aber genau das Bildungsgesetz des Pascal'schen Dreiecks.

Aufgabe 3:

Die Binomialkoeffizienten beschreiben die Koeffizienten in binomischen Formeln:

$(a+b)^n = \binom{n}{0} a^n b^0 + \binom{n}{1} a^{n-1}b^1 + \binom{n}{2} a^{n-2}b^2 + \ldots + \binom{n}{n} a^0 b^n$.

Für $a = b = 1$ folgt:

$2^n = (1+1)^n = \binom{n}{0} 1^n 1^0 + \binom{n}{1} 1^{n-1}1^1 + \binom{n}{2} 1^{n-2}1^2 + \ldots + \binom{n}{n} 1^0 1^n$

$= \binom{n}{0} + \binom{n}{1} + \binom{n}{2} + \ldots + \binom{n}{n}$, wie behauptet.

Aufgabe 4:

Ebenso folgt für $a = 1$ und $b = -1$:

$0 = 0^n = (1 - 1)^n$

$= \binom{n}{0} 1^n(-1)^0 + \binom{n}{1} 1^{n-1}(-1)^1 + \binom{n}{2} 1^{n-2}(-1)^2 + \ldots + \binom{n}{n} 1^0(-1)^n$

$= \binom{n}{0} - \binom{n}{1} + \binom{n}{2} - \ldots \binom{n}{n}$, wie behauptet.

Der Fall $n = 0$ ist auszuschließen, da 0^0 nicht definiert ist.

Der Tote am Stausee – Lösungen

Aufgabe 1:

$$V = \frac{1}{2} \cdot \frac{1}{3} \cdot \pi \cdot A \cdot B \cdot H = \frac{1}{6} \cdot \pi \cdot 8000 \text{ m} \cdot 150 \text{ m} \cdot 28 \text{ m}$$
$$= 5\,600\,000\,\pi\,\text{m}^3 \approx 17\,592\,918{,}86\,\text{m}^3 \,.$$

Aufgabe 2:

$$\frac{a}{A} = \frac{h}{H}, \text{ aufgelöst } a = h \cdot \frac{A}{H} \quad \text{und} \quad \frac{b}{B} = \frac{h}{H}, \text{ aufgelöst } b = h \cdot \frac{B}{H}\,.$$

$$V(h) = \frac{1}{2} \cdot \frac{1}{3} \cdot \pi \cdot a \cdot b \cdot h = \frac{1}{6} \cdot \pi \cdot h \cdot \frac{A}{H} \cdot h \cdot \frac{B}{H} \cdot h = \frac{1}{6} \cdot \pi \cdot h^3 \cdot \frac{A \cdot B}{H^2}\,.$$

Aufgabe 3:

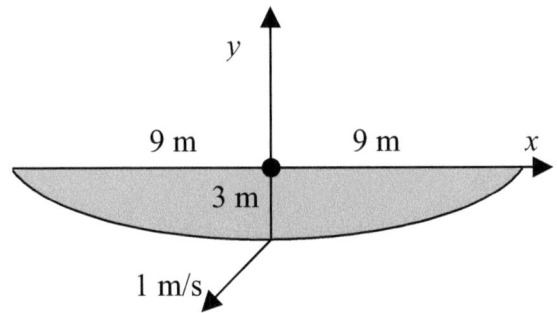

Ansatz : $y(x) = a \cdot x^2 - 3$ m   mit $y(9 \text{ m}) = 0$.

$0 = a \cdot (9 \text{ m})^2 - 3 \text{ m}$;

$3 \text{ m} = a \cdot 81\text{m}^2$ ergibt $a = \dfrac{1}{27 \text{ m}}$.

Funktionsgleichung : $y(x) = \dfrac{1}{27 \text{ m}} \cdot x^2 - 3 \text{ m}$.

Querschnittsfläche: $A = \left|\; \displaystyle\int_{-9 \text{ m}}^{9 \text{ m}} \left(\frac{1}{27 \text{ m}} \cdot x^2 - 3 \text{ m}\right) \, \mathrm{d}x \;\right| = 36 \text{ m}^2$.

Durchsatz: $D_{\text{Zulauf}} = 36 \text{ m}^2 \cdot 1\dfrac{\text{m}}{\text{s}} = 36 \dfrac{\text{m}^3}{\text{s}}$.

210

Aufgabe 4:

$$D_{\text{Ablauf}} = 6 \text{ m} \cdot 2 \text{ m} \cdot 2,5 \frac{\text{m}}{\text{s}} = 30 \frac{\text{m}^3}{\text{s}}.$$

$$D_{\text{Netto}} = 36 \frac{\text{m}^3}{\text{s}} - 30 \frac{\text{m}^3}{\text{s}} = 6 \frac{\text{m}^3}{\text{s}}.$$

Aufgabe 5:

$$V(23 \text{ m}) = \frac{1}{6} \cdot \pi \cdot (23\text{m})^3 \cdot \frac{8000 \text{ m} \cdot 150 \text{ m}}{(28 \text{ m})^2} \approx 9\,750\,958,63 \text{ m}^3.$$

Zulauf in 1 Tag: $\Delta V = 6 \frac{\text{m}^3}{\text{s}} \cdot 3600 \cdot 24 \text{ s} = 518\,400 \text{ m}^3.$

x = Pegel 1 Tag später:

$$V(x) = V(23 \text{ m}) + \Delta V \approx 10\,269\,358,63\text{m}^3$$

$$= \frac{1}{6} \cdot \pi \cdot (x)^3 \cdot \frac{8000 \text{ m} \cdot 150 \text{ m}}{(28 \text{ m})^2}.$$

Aufgelöst: $x = \sqrt[3]{\dfrac{6 \cdot 10269358,63 \text{ m}^3 \cdot (28 \text{ m})^2}{\pi \cdot 8000 \text{ m} \cdot 150 \text{ m}}} \approx 23,4 \text{ m}.$

Da die Ablaufgeschwindigkeit mit steigendem Pegel zunimmt, wird der Pegel weniger stark ansteigen, als die Rechnung es ergibt. Damit ist man auf der sicheren Seite.

Aufgabe 6:

$$V(24,6 \text{ m}) = \frac{1}{6} \cdot \pi \cdot (24,6 \text{ m})^3 \cdot \frac{8000 \text{ m} \cdot 150 \text{ m}}{(28 \text{ m})^2} \approx 11\,930\,787,95 \text{ m}^3;$$

Zuwachs in der Zeit t: $\Delta V = V(24,6 \text{ m}) - V(23 \text{ m}) \approx 2\,179\,829,32 \text{ m}^3.$

$$t = \frac{\Delta V}{D_{\text{Netto}}} = \frac{2\,179\,829,32 \text{ m}^3}{6 \frac{\text{m}^3}{\text{s}}} \approx 363305 \text{ s} \approx 4,2 \text{ d}.$$

Aufgabe 7:

$$p(3 \text{ gleiche Symbole}) = \frac{1}{8} \cdot \frac{1}{8} = \frac{1}{64} \quad \text{(das erste Symbol ist beliebig)}.$$

Die Chance für einen Gewinn beträgt $\frac{1}{64} = 0,015625 \approx 1,56 \text{ %}.$

211

Aufgabe 8:

Wenn das 2. Rad nicht das gewünschte Symbol zeigt, wird es erneut gestartet. Das 3. Rad neu zu starten lohnt nur, wenn die ersten beiden das gleiche Symbol zeigen. Die Wahrscheinlichkeit verteilt sich gemäß folgendem Baumdiagramm:

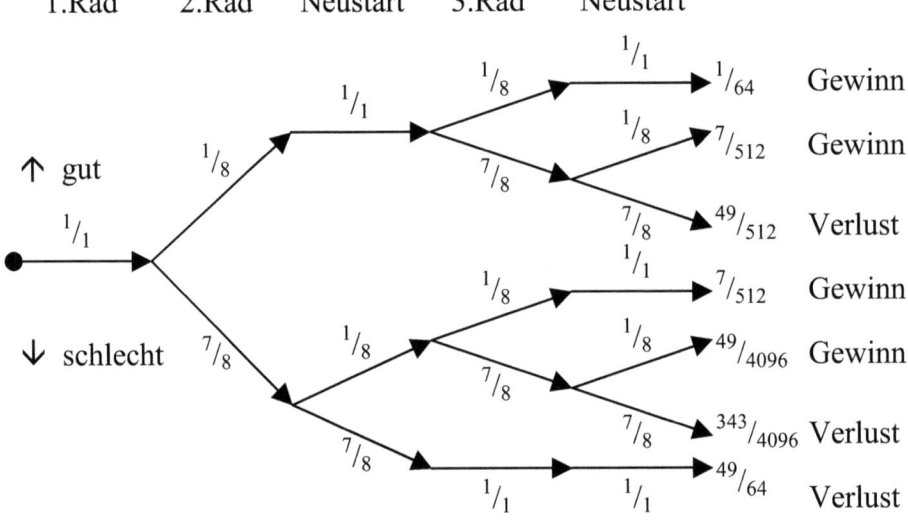

Gewinnchance gesamt:

$$p(3 \text{ gleiche Symbole}) = \frac{1}{64} + \frac{7}{512} + \frac{7}{512} + \frac{49}{4096} = \frac{225}{4096}$$

$$\approx 0{,}05493 \approx 5{,}493\ \% \,.$$

Alternativer Lösungsweg:

Das Risiko, mit dem zweiten bzw. dritten Rad *keine* Gewinnstellung zu erzielen, beträgt je $\frac{7}{8}$. Da man das Rad nochmals starten kann, verringert es sich auf $(\frac{7}{8})^2 = \frac{49}{64}$. Die Chance für eine Gewinnstellung ist die Gegenwahrscheinlichkeit

212

$1 - \dfrac{49}{64} = \dfrac{15}{64}$. Die Chance, mit beiden Räder eine Gewinnstellung zu erzielen, ist dann $(\dfrac{15}{64})^2 = \dfrac{225}{4096} \approx 0,05493 \approx 5,493\ \%$.

Aufgabe 9:

Erwartungswert für die Anzahl der Gewinne in 18 Spielen:

$\mu = p \cdot n = \dfrac{225}{4096} \cdot 18 = \dfrac{2025}{2048} \approx 1$.

Aufgabe 10:

Binomialverteilung $B(18;\dfrac{225}{4096};k)$:

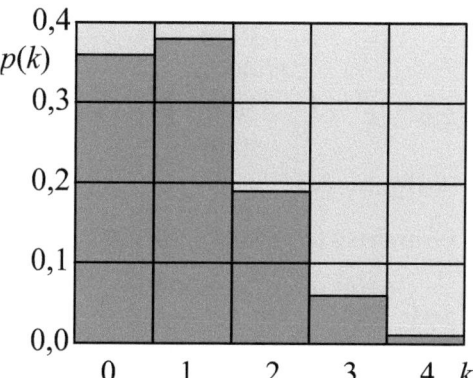

k	$B(18;\dfrac{225}{4096};k)$	kumuliert
0	0,36169	0,36169
1	0,37842	0,74011
2	0,18696	0,92707
3	0,05796	0,98503
4	0,01263	0,99766
5	0,00206	0,99972
6	0,00026	0,99998

Aufgabe 11:

$\displaystyle\sum_{k=0}^{2} p(k) \approx 0,927$; Restwahrscheinlichkeit $1 - 0,927 \approx 0,073 > 0,05$;

$\displaystyle\sum_{k=0}^{3} p(k) \approx 0,985$; Restwahrscheinlichkeit $1 - 0,985 \approx 0,015 < 0,05$.

Über zwei Gewinne treten noch mit über 5% Wahrscheinlichkeit auf, mehr als drei Gewinne mit weniger als 5%.

213

H_0 ist zu akzeptieren bis zu höchstens 3 Gewinnen in 18 Spielen.

Aufgabe 12:

$$g_{OM}: \vec{r} = s \cdot \begin{pmatrix} 6400 \text{ m} \\ -90 \text{ m} \\ 28 \text{ m} \end{pmatrix}.$$

Aufgabe 13:

$$g_{DP}: \vec{r} = \begin{pmatrix} 6000 \text{ m} \\ -350 \text{ m} \\ 30 \text{ m} \end{pmatrix} + t \cdot \begin{pmatrix} -4000 \text{ m} \\ 592 \text{ m} \\ -28 \text{ m} \end{pmatrix};$$

$$g_{DQ}: \vec{r} = \begin{pmatrix} 6000 \text{ m} \\ -350 \text{ m} \\ 30 \text{ m} \end{pmatrix} + u \cdot \begin{pmatrix} -3600 \text{ m} \\ 862 \text{ m} \\ -30 \text{ m} \end{pmatrix};$$

$$g_{DR}: \vec{r} = \begin{pmatrix} 6000 \text{ m} \\ -350 \text{ m} \\ 30 \text{ m} \end{pmatrix} + v \cdot \begin{pmatrix} -800 \text{ m} \\ 548 \text{ m} \\ -15 \text{ m} \end{pmatrix}.$$

Aufgabe 14:

Grundriss (x,y) von g_{OM} und g_{DP}:

$$s \cdot \begin{pmatrix} 6400 \text{ m} \\ -90 \text{ m} \end{pmatrix} = \begin{pmatrix} 6000 \text{ m} \\ -350 \text{ m} \end{pmatrix} + t \cdot \begin{pmatrix} -4000 \text{ m} \\ 592 \text{ m} \end{pmatrix};$$

$$s \cdot \begin{pmatrix} 6400 \text{ m} \\ -90 \text{ m} \end{pmatrix} + t \cdot \begin{pmatrix} 4000 \text{ m} \\ -592 \text{ m} \end{pmatrix} = \begin{pmatrix} 6000 \text{ m} \\ -350 \text{ m} \end{pmatrix}.$$

Lösung: $s = \dfrac{1345}{2143}$; $t = \dfrac{2125}{4286}$.

z-Koordinaten:

Auf g_{OM}: $z = 28\text{m} \cdot \dfrac{1345}{2143} \approx 17{,}57 \text{ m}$.

Auf g_{DP}: $z = 30\text{m} + \dfrac{2125}{4286} \cdot (-28 \text{ m}) \approx 16{,}12 \text{ m} \Rightarrow \Delta z \approx 1{,}46 \text{ m}$.

Grundriss (x,y) von g_{OM} und g_{DQ}:

$$s \cdot \begin{pmatrix} 6400 \text{ m} \\ -90 \text{ m} \end{pmatrix} = \begin{pmatrix} 6000 \text{ m} \\ -350 \text{ m} \end{pmatrix} + u \cdot \begin{pmatrix} -3600 \text{ m} \\ 862 \text{ m} \end{pmatrix} ;$$

$$s \cdot \begin{pmatrix} 6400 \text{ m} \\ -90 \text{ m} \end{pmatrix} + u \cdot \begin{pmatrix} 3600 \text{ m} \\ -862 \text{ m} \end{pmatrix} = \begin{pmatrix} 6000 \text{ m} \\ -350 \text{ m} \end{pmatrix} .$$

Lösung: $s = \dfrac{4890}{6491}$; $u = \dfrac{2125}{6491}$.

z-Koordinaten:

Auf g_{OM}: $z = 28 \text{ m} \cdot \dfrac{4890}{6491} \approx 21{,}09 \text{ m}$.

Auf g_{DQ}: $z = 30 \text{ m} + \dfrac{2125}{6491} \cdot (-30 \text{ m}) \approx 20{,}18 \text{ m} \Rightarrow \Delta z \approx 0{,}92 \text{ m}$.

Grundriss (x,y) von g_{OM} und g_{DR}:

$$s \cdot \begin{pmatrix} 6400 \text{ m} \\ -90 \text{ m} \end{pmatrix} = \begin{pmatrix} 6000 \text{ m} \\ -350 \text{ m} \end{pmatrix} + v \cdot \begin{pmatrix} -800 \text{ m} \\ 548 \text{ m} \end{pmatrix} ;$$

$$s \cdot \begin{pmatrix} 6400 \text{ m} \\ -90 \text{ m} \end{pmatrix} + v \cdot \begin{pmatrix} 800 \text{ m} \\ -548 \text{ m} \end{pmatrix} = \begin{pmatrix} 6000 \text{ m} \\ -350 \text{ m} \end{pmatrix} .$$

Lösung: $s = \dfrac{1880}{2147}$; $v = \dfrac{2125}{4294}$.

z-Koordinaten:

Auf g_{OM}: $z = 28 \text{ m} \cdot \dfrac{1880}{2147} \approx 24{,}52 \text{ m}$.

Auf g_{DR}: $z = 30 \text{ m} + \dfrac{2125}{4294} \cdot (-15 \text{ m}) \approx 22{,}58 \text{ m} \Rightarrow \Delta z \approx 1{,}94 \text{ m}$.

Der Wassereintritt erfolgte in Stollen DQ.

Aufgabe 15:

Ansatz: $v(h) = k \cdot \sqrt{h}$.

$$2{,}5 \, \frac{\text{m}}{\text{s}} = k \cdot \sqrt{23{,}4 \text{ m}} \text{, aufgelöst } k = \frac{2{,}5 \, \dfrac{\text{m}}{\text{s}}}{\sqrt{23{,}4 \text{ m}}} = \frac{5 \cdot \sqrt{65}}{78} \, \frac{\sqrt{\text{m}}}{\text{s}} .$$

Funktionsgleichung: $v(h) = \dfrac{5 \cdot \sqrt{65}}{78} \, \dfrac{\sqrt{\text{m}}}{\text{s}} \cdot \sqrt{h}$.

Aufgabe 16:

Gleichgewichtszustand wenn Abfluss = Zufluss,

also $12 \text{ m}^2 \cdot v(h) = 36 \dfrac{\text{m}^3}{\text{s}}$.

$12\text{m}^2 \cdot \dfrac{5 \cdot \sqrt{65}}{78} \dfrac{\sqrt{\text{m}}}{\text{s}} \cdot \sqrt{h} = 36 \dfrac{\text{m}^3}{\text{s}}$;

aufgelöst: $\sqrt{h} = \dfrac{36 \dfrac{\text{m}^3}{\text{s}} \cdot 78 \cdot \text{s}}{12\text{m}^2 \cdot 5 \cdot \sqrt{65} \cdot \sqrt{\text{m}}}$;

$h = \dfrac{36^2 \text{ m}^6 \cdot 78^2}{12^2 \text{ m}^4 \cdot 5^2 \cdot 65 \cdot \text{m}} = \dfrac{4212}{125} \text{ m} \approx 33{,}7 \text{ m}$.

Aufgabe 17:

Flüchtling: $s(t) = s_0 + 80 \dfrac{\text{mil}}{\text{h}} \cdot t$

mit Vorsprung $s_0 = 3 \text{ min} \cdot 80 \dfrac{\text{mil}}{\text{h}} = \dfrac{3}{60} \text{ h} \cdot 80 \dfrac{\text{mil}}{\text{h}} = 4 \text{ mil}$.

Verfolger: $s(t) = 100 \dfrac{\text{mil}}{\text{h}} \cdot t$.

$4 \text{ mil} + 80 \dfrac{\text{mil}}{\text{h}} \cdot t = 100 \dfrac{\text{mil}}{\text{h}} \cdot t$; aufgelöst: $t = \dfrac{1}{5} \text{ h} = 12 \text{ min}$.

Aufgabe 18:

$\vec{r} = \begin{pmatrix} 6000 \text{ m} \\ -350 \text{ m} \\ 30 \text{ m} \end{pmatrix} + \dfrac{2125}{4294} \cdot \begin{pmatrix} -800 \text{ m} \\ 548 \text{ m} \\ -15 \text{ m} \end{pmatrix} \approx \begin{pmatrix} 5604{,}10 \text{ m} \\ -78{,}81 \text{ m} \\ 22{,}58 \text{ m} \end{pmatrix}$;

also $P\,(\,5604{,}10 \text{ m} \mid -78{,}81 \text{ m} \mid 22{,}58 \text{ m}\,)$.

Aufgabe 19:

$d = \dfrac{2125}{4294} \cdot \sqrt{(800 \text{ m})^2 + (548 \text{ m})^2 + (15 \text{ m})^2} + 50 \text{ m}$

$\approx 479{,}94 \text{ m} + 50 \text{ m} \approx 529{,}94 \text{ m}$.

(Enthält die 50 m von der Drehscheibe bis zum Stollenmund!)

216

Ein Teil einer Königin – Lösungen

Aufgabe 1:

Drakonitischer Monat:

27 d 5 h 5 min 35,8 s = 2351135,8 s $\approx$ 27,21221991 d .

Synodischer Monat:

29 d 12 h 44 m 2,9 s = 2551442,9 s $\approx$ 29,53058912 d .

Gesucht ist eine „nahezu" ganzzahlige Lösung von

$y \cdot 27,21221991$ d $= x \cdot 29,53058912$ d ;

$$y = x \cdot \frac{29,53058912}{27,21221991} \, .$$

Die 1,3 h zulässige Abweichung sind 0,00199 drakonitische bzw. 0,00183 synodische Monate. Man tabelliert die obige Funktion für ganzzahlige x und sucht Lösungen, bei denen y um weniger als 0,00199 von der nächsten Ganzzahl abweicht (oder umgekehrt).

Die erste Lösung liegt bei $x = 223$ und $y = 241,9988683... \approx 242$.

242 drakonitische Monate sind 6585,357218 d,
223 synodische Monate sind 6585,321374 d.

Da bei der Öffnung des Portals der Mond genau im Drachenpunkt stehen soll, sind es

$$6585,357218 \text{ d} = \frac{6585,357218}{365,2425} \text{ a} = 18,03009567 \text{ a} \approx 18 \text{ a } 11 \text{ d}$$

bis zur nächsten Öffnung des Portals.

Anmerkung: Für eine Sonnenfinsternis genügt es, wenn sich der Neumond in einem Bereich von ca. 18° um einen der Drachenpunkte herum ereignet. Daher gibt es häufiger Sonnenfinsternisse als nur alle 18 Jahre. Zur Öffnung des Portals muss der Mond in der Logik dieser Geschichte aber exakt im Drachenpunkt stehen. Da die Geschichte bereits die Information enthält, dass es ungefähr 18 Jahre dauert, kann man die Lösung natürlich auch durch Probieren finden.

Aufgabe 2:

Start 50°N 8°E (Bingen, Deutschland) ;
Ziel 25°S 30°E (Marble Hall, Südafrika) .

Zur Lösung muss durch die zwei Punkte der Kugeloberfläche ein Großkreis gelegt und der Zentrumswinkel bestimmt werden.

Zur Vereinfachung wird die x-Achse durch den Meridian des Startpunktes gelegt. In der Äquatorebene beträgt der Winkel zwischen den Vektoren dann $30° - 8° = 22°$.

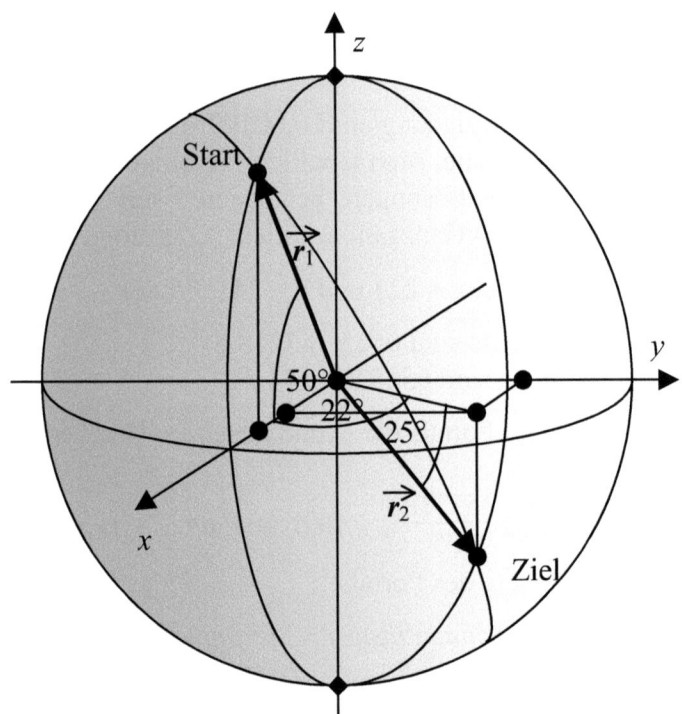

Dann wird:

$$\vec{r}_1 = \begin{pmatrix} r \cdot \cos(50°) \\ 0 \\ r \cdot \sin(50°) \end{pmatrix} \quad \text{und} \quad \vec{r}_2 = \begin{pmatrix} r \cdot \cos(25°) \cdot \cos(22°) \\ r \cdot \cos(25°) \cdot \sin(22°) \\ -r \cdot \sin(25°) \end{pmatrix} .$$

218

Der Winkel zwischen diesen Vektoren ergibt sich zu

$$\phi = \arccos\left(\frac{\vec{r_1} \cdot \vec{r_2}}{r^2}\right)$$

$$= \arccos\left(\frac{r^2 \cdot \cos(50°) \cdot \cos(25°) \cdot \cos(22°) - r^2 \cdot \sin(50°) \cdot \sin(25°)}{r^2}\right)$$

$$\approx 77{,}5° .$$

Die Großkreisentfernung der Punkte ist dann $\Delta s \approx 2\,\pi\,r \cdot \dfrac{77{,}5°}{360°}$.

Mit $r \approx 6371$ km folgt $\Delta s \approx 2\,\pi \cdot 6371$ km $\cdot \dfrac{77{,}5°}{360°} \approx 8617{,}9$ km.

Diese Entfernung wird in 45 Minuten = 0,75 h zurückgelegt, das ergibt

$$v = \frac{\Delta s}{\Delta t} \approx \frac{8617{,}9\ \text{km}}{0{,}75\ \text{h}} \approx 11490{,}5\ \frac{\text{km}}{\text{h}} .$$

Aufgabe 3:

$I \cdot t = 3000$ mAh $= 3$ Ah $= 3 \cdot 3600$ As $= 10800$ As .

Mit $U = 4$ V folgt der Energieinhalt

$W = U \cdot I \cdot t = 4$ V $\cdot\ 10800$ As $= 43200$ J .

Der Akku entlädt sich innerhalb von 3 Minuten (= 180 s).

Leistung: $P = \dfrac{W}{t} = \dfrac{43200\ \text{J}}{180\ \text{s}} = 240$ W ;

Stromstärke: $I = \dfrac{P}{U} = \dfrac{240\ \text{W}}{4\ \text{V}} = 60$ A .

Aufgabe 4:

Volumen des Akkus: $V = l \cdot b \cdot h = 8$ cm $\cdot\ 5$ cm $\cdot\ 0{,}5$ cm $= 20$ cm^3 .

Dichte: $\rho = 3{,}124\ \dfrac{\text{g}}{\text{cm}^3}$.

Masse: $m = \rho \cdot V = 3{,}124\ \dfrac{\text{g}}{\text{cm}^3} \cdot 20$ cm$^3 = 62{,}48$ g .

Spezifische Wärmekapazität: $c = \dfrac{W}{m \cdot \Delta T} = 0{,}633\ \dfrac{\text{J}}{\text{g} \cdot \text{K}}$.

Erwärmung ohne Verluste an die Umgebung (= adiabatisch):

$$\Delta T = \frac{W}{m \cdot c} = \frac{43200 \text{ J}}{62,48 \text{ g} \cdot 0,633 \frac{\text{J}}{\text{g} \cdot \text{K}}} \approx 1092 \text{ K} .$$

Der Akku würde sich auf $(20 + 1092)°C \approx 1112 \ °C$ erhitzen.

Aufgabe 5:

Rabe: $v = 40 \frac{\text{km}}{\text{h}}$; Hartwald – Burg $s = 20 \text{ km}$.

$$t_{\text{Rabe}} = \frac{s}{v} = \frac{20 \text{ km}}{40 \frac{\text{km}}{\text{h}}} = 0,5 \text{ h} = 30 \text{ min.}$$

Drache: $v = 250 \frac{\text{km}}{\text{h}}$; Heerlager – Hartwald $s = 100 \text{ km}$.

$$t_{\text{Drache}} = \frac{s}{v} = \frac{100 \text{ km}}{250 \frac{\text{km}}{\text{h}}} = 0,4 \text{ h} = 24 \text{ min.}$$

Der Drache muss 6 Minuten nach dem Aufbruch des Raben starten.

Aufgabe 6:

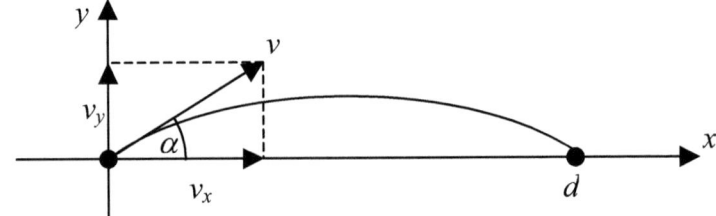

Komponenten der Geschwindigkeit:
$v_x = v \cdot \cos(\alpha)$; $v_y = v \cdot \sin(\alpha)$.

Bewegung des Pfeils:

$x(t) = v_x \cdot t$;

$y(t) = v_y \cdot t - \frac{1}{2} \cdot g \cdot t^2$.

220

Für die Flugdauer T ergeben sich die Bedingungen:

(a) $\quad x(T) = v \cdot \cos(\alpha) \cdot T = d$;

(b) $\quad y(T) = v \cdot \sin(\alpha) \cdot T - \frac{1}{2} \cdot g \cdot T^2 = 0$,

wobei $v = 300 \frac{km}{h} = 83\frac{1}{3} \frac{m}{s}$, $d = 180$ m und $g = 10 \frac{m}{s^2}$.

Aus (a): $\qquad T = \dfrac{d}{v \cdot \cos(\alpha)}$

Aus (b): $\qquad v \cdot \sin(\alpha) \cdot T = \frac{1}{2} \cdot g \cdot T^2$

Da $T = 0$ ausgeschlossen ist, kann durch T dividiert werden:

$v \cdot \sin(\alpha) = \frac{1}{2} \cdot g \cdot T$, aufgelöst $T = \dfrac{2 \cdot v \cdot \sin(\alpha)}{g}$.

Gleichsetzen:

$\dfrac{d}{v \cdot \cos(\alpha)} = \dfrac{2 \cdot v \cdot \sin(\alpha)}{g}$, umgeformt: $\sin(\alpha) \cdot \cos(\alpha) = \dfrac{d \cdot g}{2 \cdot v^2}$.

Wegen $\sin(2\alpha) = 2 \cdot \sin(\alpha) \cdot \cos(\alpha)$ folgt dann:

$\sin(2\alpha) = \dfrac{d \cdot g}{v^2}$,

$\alpha = \frac{1}{2} \cdot \arcsin(\dfrac{d \cdot g}{v^2}) = \frac{1}{2} \cdot \arcsin(\dfrac{180 \text{ m} \cdot 10 \frac{m}{s^2}}{(83\frac{1}{3}\frac{m}{s})^2}) = \frac{1}{2} \cdot \arcsin(\dfrac{162}{625})$.

Aufgrund der Uneindeutigkeit des Arcussinus gibt es hierfür zwei Lösungen: $\alpha_1 \approx 7{,}51°$ und $\alpha_2 = 90° - \alpha_1 \approx 82{,}49°$. Man mag darüber diskutieren, welche der Lösungen taktisch günstiger ist: der steile Schuss (α_2), bei dem der Gegner kaum lokalisieren kann, woher der Pfeil kommt, oder der flache Schuss (α_1), bei dem die Treffsicherheit größer sein dürfte.

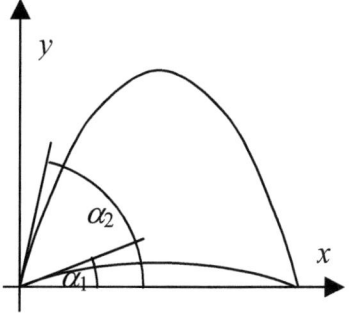

Aufgabe 7:

Es ist nun entweder

$$v_{x1} = v \cdot \cos(\alpha_1) \approx 83\frac{1}{3}\,\frac{m}{s} \cdot \cos(7,51°) \approx 82,62\,\frac{m}{s}$$

oder

$$v_{x2} = v \cdot \cos(\alpha_2) \approx 83\frac{1}{3}\,\frac{m}{s} \cdot \cos(82,49°) \approx 10,89\,\frac{m}{s}.$$

Die Flugzeit eines Pfeils ins Ziel beträgt damit bei flachem Schuss

$$T_1 = \frac{d}{v_{x1}} \approx \frac{180\,m}{82,62\,\frac{m}{s}} \approx 2,18\,s\,,$$

bzw. bei steilem Schuss

$$T_2 = \frac{d}{v_{x2}} \approx \frac{180\,m}{10,89\,\frac{m}{s}} \approx 16,52\,s\,.$$

Der Brandsatz soll 0,5 s vor dem Ziel zünden und muss daher eine Verzögerung

$$\Delta t_1 \approx 2,18\,s - 0,5\,s \approx 1,68\,s \quad bzw. \quad \Delta t_2 \approx 16,52\,s - 0,5\,s \approx 16,02\,s$$

haben. Wie Calatin das hinbekommt, überlassen wir ihm. Für den beabsichtigten Zweck kommt es aber sicherlich nicht auf die Hundertstelsekunde an.

Anmerkung: Da meine Erfahrung besagt, dass die Behandlung physikalischer Probleme im Mathematikunterricht bisweilen zu Irritationen, wenn nicht gar zu (Eltern-)Protesten führt (soviel zum Thema Fächer übergreifender Unterricht), habe ich in solchen Fällen, wie hier, die erforderlichen physikalischen Formeln immer in der Aufgabenstellung mit angegeben. Wenn das bei Ihnen kein Problem ist, lassen Sie sie gerne weg bzw. verweisen Sie auf die Formelsammlung; das erhöht den Anspruch noch einmal etwas.

Das Geheimnis der N-Strahlen – Lösungen

Aufgabe 1:

Die Wahrscheinlichkeit für das Erscheinen eines Franzosen ist $\frac{2}{3}$.

Das Erscheinen von k Franzosen hat dann die Wahrscheinlichkeit

$$p(k) = \binom{5}{k} \left(\frac{2}{3}\right)^k \left(\frac{1}{3}\right)^{5-k}.$$

k	$B(5;\frac{2}{3};k)$	kumuliert
0	0,004115	0,004115
1	0,041152	0,045267
2	0,164609	0,209876
3	0,329218	0,539094
4	0,329218	0,868312
5	0,131687	1,000000

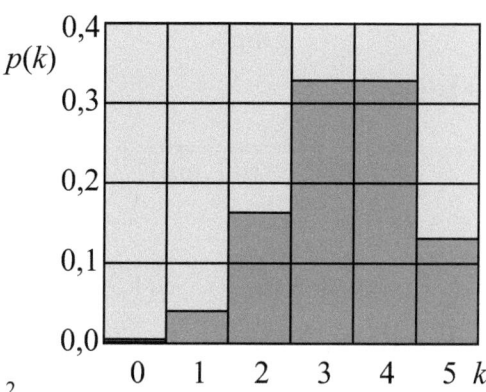

$$\sum_{k=0}^{1} p(k) \approx 0,0453 < 0,05; \qquad \sum_{k=0}^{2} p(k) \approx 0,2099 > 0,05.$$

H_0 kann akzeptiert werden, wenn mindestens 2 der 5 eingeladenen Franzosen anreisen.

Aufgabe 2:

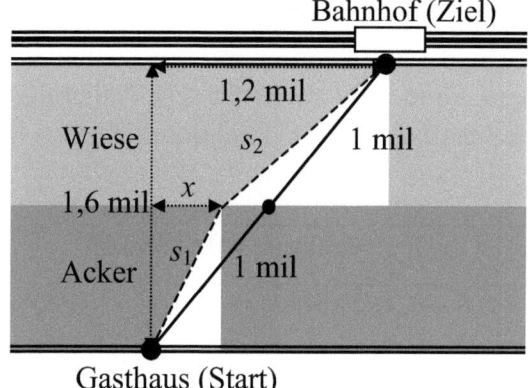

$$s_1{}^2 = x^2 + (0,8 \text{ mil})^2 \; ; \; s_2{}^2 = (1,2 \text{ mil} - x)^2 + (0,8 \text{ mil})^2.$$

223

$$t_1 = \frac{s_1}{v_1} = \frac{s_1}{2 \text{ mph}} = \frac{\sqrt{x^2 + (0,8 \text{ mil})^2}}{2 \text{ mph}} \; ;$$

$$t_2 = \frac{s_2}{v_2} = \frac{s_2}{4 \text{ mph}} = \frac{\sqrt{(1,2 \text{ mil}-x)^2 + (0,8 \text{ mil})^2}}{4 \text{ mph}} \; ;$$

$$t = t_1 + t_2 = \frac{\sqrt{x^2 + (0,8 \text{ mil})^2}}{2 \text{ mph}} + \frac{\sqrt{(1,2 \text{ mil}-x)^2 + (0,8 \text{ mil})^2}}{4 \text{ mph}} \; .$$

Ableitung:

$$t'(x) = \frac{2x}{4 \text{ mph} \cdot \sqrt{x^2 + (0,8 \text{ mil})^2}} + \frac{2x-2,4 \text{ mil}}{8 \text{ mph} \cdot \sqrt{(1,2 \text{ mil}-x)^2 + (0,8 \text{ mil})^2}}$$

$$= \frac{0,5 \frac{x}{\text{mph}}}{\sqrt{x^2 + (0,8 \text{ mil})^2}} + \frac{0,25 \frac{x}{\text{mph}} - 0,3 \text{ h}}{\sqrt{(1,2 \text{ mil}-x)^2 + (0,8 \text{ mil})^2}} \; .$$

Notwendig für Extremstelle: $t'(x) = 0$.

$$\frac{0,5 \frac{x}{\text{mph}}}{\sqrt{x^2 + (0,8 \text{ mil})^2}} + \frac{0,25 \frac{x}{\text{mph}} - 0,3 \text{ h}}{\sqrt{(1,2 \text{ mil}-x)^2 + (0,8 \text{ mil})^2}} = 0$$

$$\frac{0,5 \frac{x}{\text{mph}}}{\sqrt{x^2 + (0,8 \text{ mil})^2}} = \frac{0,3 \text{ h} - 0,25 \frac{x}{\text{mph}}}{\sqrt{(1,2 \text{ mil}-x)^2 + (0,8 \text{ mil})^2}}$$

Quadrieren und Multiplikation mit den beiden Nennern ergäbe eine Gleichung 4. Grades für x. Numerische Näherung mittels CAS oder Taschenrechner mit SOLVE-Funktion liefert $x \approx 0,319$ mil.

Einsetzen:

$$x_1 \approx \sqrt{(0,319 \text{ mil})^2 + (0,8 \text{ mil})^2} \approx 0,861 \text{ mil} \; ;$$

$$x_2 \approx \sqrt{(1,2 \text{ mil} - 0,319 \text{ mil})^2 + (0,8 \text{ mil})^2} \approx 1,190 \text{ mil} \; ;$$

ergibt $t(0,319 \text{ mil}) \approx \dfrac{0,861 \text{ mil}}{2 \text{ mph}} + \dfrac{1,190 \text{ mil}}{4 \text{ mph}} \approx 0,728 \text{ h} \approx 43,7 \text{ min.}$

(Ohne den Endspurt hätte Wood es also trotzdem nicht geschafft.)

224

Aufgabe 3:

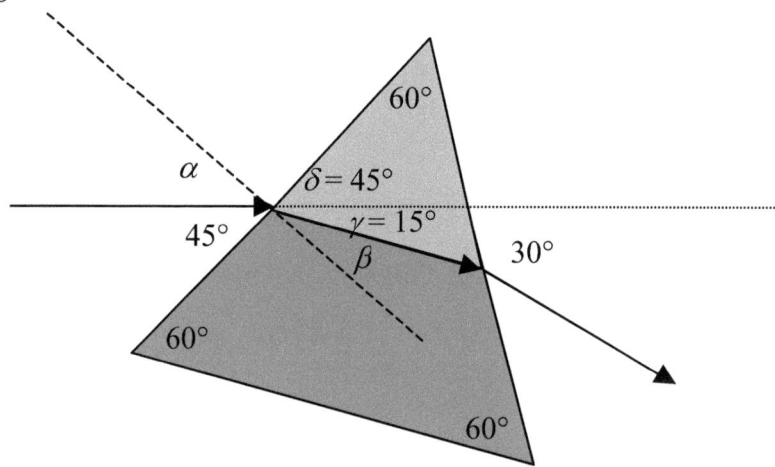

Der gebrochene Strahl verläuft im Prisma parallel zur Basis, also ist auch das kleine oben abgeschnittene Dreieck gleichseitig (alle Winkel 60°). Aus der Gesamtablenkung 30° folgt $\gamma = 15°$. Dann ist $\delta = 60° - 15° = 45°$. Der Nebenwinkel von α (= Scheitelwinkel zu δ) ist dann ebenfalls 45°, also auch $\alpha = 45°$. Ferner folgt $\beta = 90° - 45° - 15° = 30°$.

Dies ergibt: $n = \dfrac{\sin \alpha}{\sin \beta} = \dfrac{\sin(45°)}{\sin(30°)} = \sqrt{2}$.

Aufgabe 4:

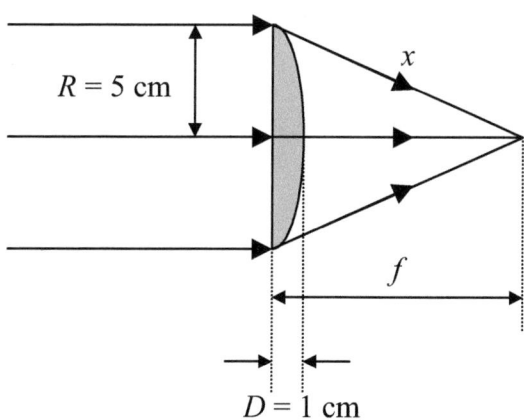

225

Sei v die Ausbreitungsgeschwindigkeit der Strahlen in Luft. Der Randstrahl hat den Weg $x = \sqrt{R^2 + f^2}$, den er mit einer Geschwindigkeit v zurücklegt, die Zeit dafür ist also:

$$t = \frac{x}{v} = \frac{\sqrt{R^2 + f^2}}{v} \, .$$

Der Mittelpunktstrahl durchläuft die Strecke D mit der Geschwindigkeit $\frac{v}{n}$ und die Strecke $f - D$ mit der Geschwindigkeit v. Er soll dafür die gleiche Zeit t brauchen:

$$t = \frac{D}{\frac{v}{n}} + \frac{f - D}{v} = \frac{nD}{v} + \frac{f - D}{v} = \frac{\sqrt{R^2 + f^2}}{v} \qquad\qquad | \cdot v$$

$$nD + f - D = \sqrt{R^2 + f^2} \qquad\qquad |^2$$

$$n^2 D^2 - 2D^2 n + D^2 + 2Dfn - 2Df + f^2 = R^2 + f^2 \qquad |-f^2$$

$$n^2 D^2 - 2D^2 n + D^2 + 2Dfn - 2Df = R^2 \qquad\qquad | \, T$$

$$D^2 (n^2 - 2n + 1) + 2Df (n - 1) = R^2 \qquad |-D^2 (n^2 - 2n + 1)$$

$$2Df (n - 1) = R^2 - D^2 (n^2 - 2n + 1) \qquad |: 2D (n - 1)$$

$$f = \frac{R^2 - D^2 (n^2 - 2n + 1)}{2D (n - 1)} \, .$$

Einsetzen $n = \sqrt{2}$; $D = 1$ cm ; $R = 5$ cm:

$$f = \frac{25 \text{ cm}^2 - 1 \text{ cm}^2 (3 - 2\sqrt{2})}{2 \text{ cm} (\sqrt{2} - 1)} = \frac{11 \text{ cm} + 1 \text{ cm} \sqrt{2}}{\sqrt{2} - 1}$$

$$= (11 \text{ cm} + 1 \text{ cm} \sqrt{2}) \cdot (\sqrt{2} + 1) = (13 + 12\sqrt{2}) \text{ cm} \approx 30 \text{ cm} \, .$$

Die Maschine – Lösungen

Aufgabe 1:

Das Sudoku hat zwei verschiedene Lösungen:

7	4	8	9	6	1	5	3	2
1	5	2	4	7	3	9	6	8
6	3	9	2	5	8	7	1	4
3	1	6	8	2	5	4	9	7
9	2	4	7	1	6	3	8	5
8	7	5	3	4	9	6	2	1
4	6	7	1	3	2	8	5	9
2	9	3	5	8	7	1	4	6
5	8	1	6	9	4	2	7	3

und

7	4	8	9	6	1	5	3	2
1	5	2	4	7	3	9	6	8
6	3	9	8	2	5	7	1	4
3	1	6	2	5	8	4	9	7
9	2	4	7	1	6	3	8	5
8	7	5	3	4	9	6	2	1
4	6	7	1	3	2	8	5	9
2	9	3	5	8	7	1	4	6
5	8	1	6	9	4	2	7	3

Diese unterscheiden sich in den markierten Feldern. Nimmt man an, dass die Zahlen in diesen Feldern das Passwort darstellen, so kommen ‚258825' oder ‚825258' als wahrscheinliche Passwörter in Frage.

227

Aufgabe 2:

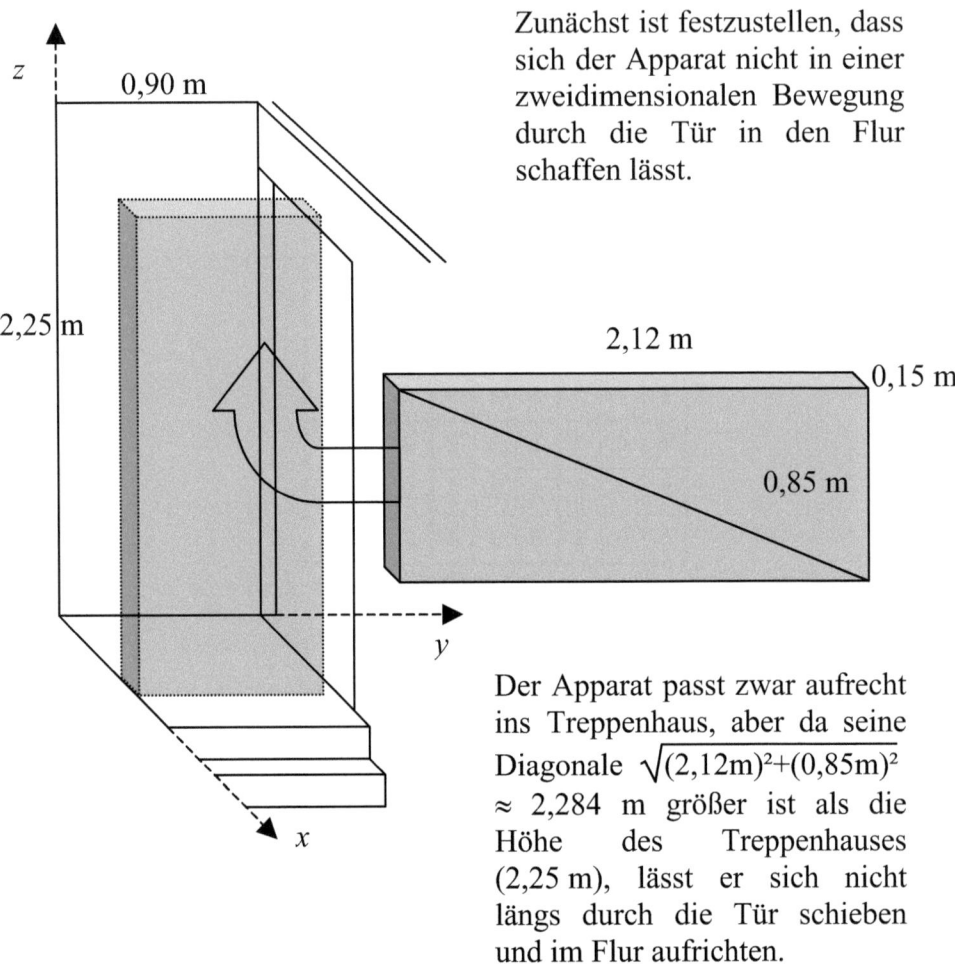

Zunächst ist festzustellen, dass sich der Apparat nicht in einer zweidimensionalen Bewegung durch die Tür in den Flur schaffen lässt.

Der Apparat passt zwar aufrecht ins Treppenhaus, aber da seine Diagonale $\sqrt{(2,12m)^2+(0,85m)^2}$ ≈ 2,284 m größer ist als die Höhe des Treppenhauses (2,25 m), lässt er sich nicht längs durch die Tür schieben und im Flur aufrichten.

Er lässt sich auch nicht aufrecht schräg durch die Tür schieben. Die Diagonale des Türrahmens beträgt zwar mit $\sqrt{(0,8m)^2+(2,0m)^2}$ ≈ 2,154 m mehr als die Höhe des Aggregats (2,12 m), aber mit seiner Breite von 0,15 m benötigt es etwas mehr Platz:

228

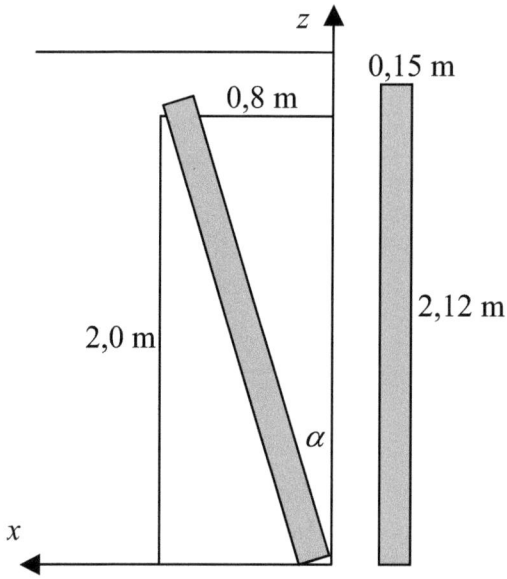

Bei Schrägneigung des Apparats um den Winkel α benötigt die Schmalseite (0,15 m) von der Türbreite unten noch 0,15 m · $\cos(\alpha)$, und die Höhe (2,12 m) benötigt von der Türbreite 2,12 m · $\sin(\alpha)$. Also darf maximal

0,15 m · $\cos(\alpha)$ + 2,12 m · $\sin(\alpha)$ = 0,8 m

sein. Mit $\cos(\alpha) = c$ und dann $\sin(\alpha) = \sqrt{1 - c^2}$ wird

0,15 m · c + 2,12 m · $\sqrt{1 - c^2}$ = 0,8 m $\qquad | -0,15$ m · c

2,12 m · $\sqrt{1 - c^2}$ = 0,8 m − 0,15 m · c $\qquad | ^2$

4,4944 m² · (1 − c^2) = 0,64 m² − 0,24 m² · c + 0,0225 m² · c^2

0 = 4,5169 · c^2 − 0,24 · c − 3,8544

Die quadratische Gleichung wird gelöst durch $c_1 \approx$ -0,8976 und $c_2 \approx$ 0,9507, entsprechend $\alpha_1 \approx 153,84°$ (wird verworfen) und $\alpha_2 \approx$ 18,06°. Bei 18,06° Neigung benötigt der Apparat eine Höhe von

2,12 m · $\cos(18,06°)$ + 0,15 m · $\sin(18,06°)$ ≈ 2,06 m,

was über der Höhe des Türrahmens (2,0 m) liegt.

Man kann den Apparat aber im gleichen Winkel gedreht in Längsrichtung durch die Tür ins Treppenhaus schieben.

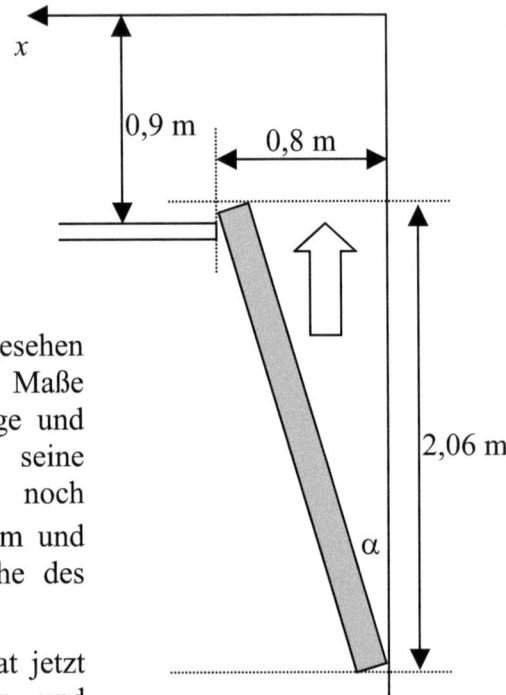

Von der Treppe her gesehen betragen seine effektiven Maße jetzt nur noch 2,06 m Länge und 0,85 m Höhe, mithin seine effektive Diagonale nur noch $\sqrt{(2,06m)^2+(0,85m)^2} \approx 2,23$ m und damit weniger als die Höhe des Treppenhauses (2,25 m).

Damit lässt sich der Apparat jetzt im Treppenhaus aufrichten und dann die Treppe hinunter schaffen.

Der guten Ordnung halber wäre noch zu klären, ob der Apparat beim Aufrichten nicht mit der oberen Türkante kollidiert.

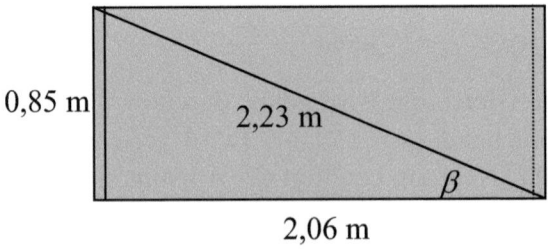

Die Diagonale (2,23 m) ist zunächst um β geneigt, wobei

230

$\beta \approx \arctan \left(\dfrac{0,85 \text{ m}}{2,06 \text{ m}} \right) \approx 22,42°$.

Die kritische Stellung wird erreicht, wenn die Diagonale senkrecht steht (der Apparat ist in dem Moment insgesamt um $90° - \beta \approx 67,58°$ geneigt).

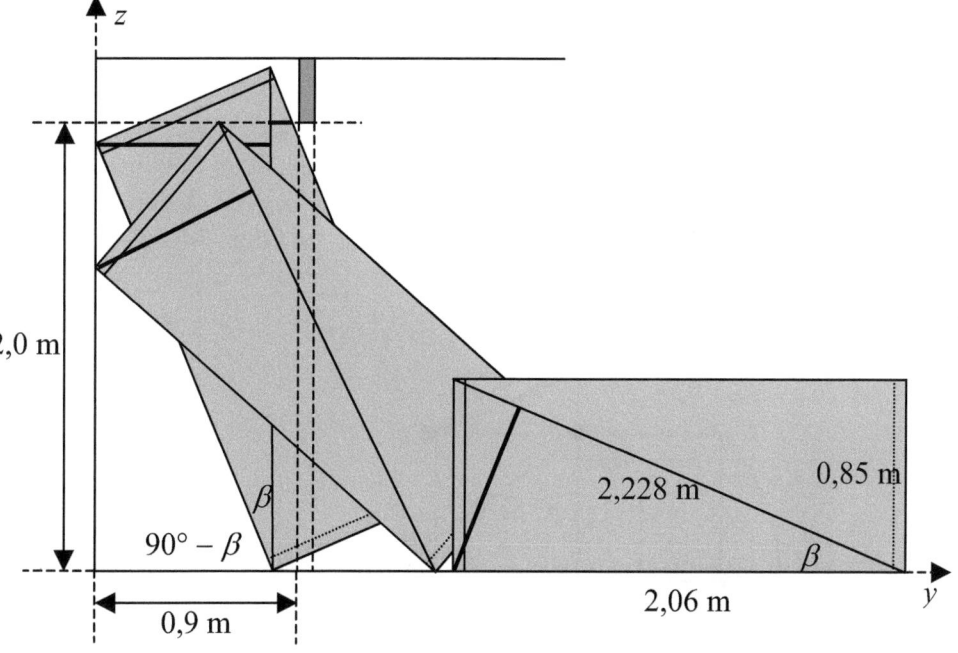

Der Platzbedarf im Treppenhaus ergibt sich aus den markierten Stücken links und rechts der aufgerichteten Diagonalen.

Links (Höhe im rechtwinkligen Dreieck):

$2,06 \text{ m} \cdot \sin(\beta) \approx 2,06 \text{ m} \cdot \sin(22,42°) \approx 0,786 \text{ m}$.

Rechts (kurze Kathete im Dreieck, dessen lange Kathete der Überstand der Diagonalen über der Türhöhe 2,0 m ist):

$(2,228 \text{ m} - 2,0 \text{ m}) \cdot \tan(\beta) \approx 0,228 \text{ m} \cdot \tan(22,42°) \approx 0,094 \text{ m}$.

231

Zusammen werden in Höhe der Türoberkante also

0,786 m + 0,094 m ≈ 0,88 m

an Breite benötigt. Da 0,9 m zur Verfügung stehen, stößt der Apparat nicht an die Türoberkante an.

Da man den Apparat noch während der Bewegung drehen kann, gibt es weitere Lösungen, die aber schwerer zu beschreiben sind.

Aufgabe 3:

Die folgende Lösung benutzt Methoden der analytischen Geometrie. Eine trigonometrische Lösung ist aber ebenfalls denkbar. Die Kantenlänge des Quadrates sei a. Wir legen ein Koordinatensystem fest, dessen Ursprung in der Mitte des Quadrates liegt.

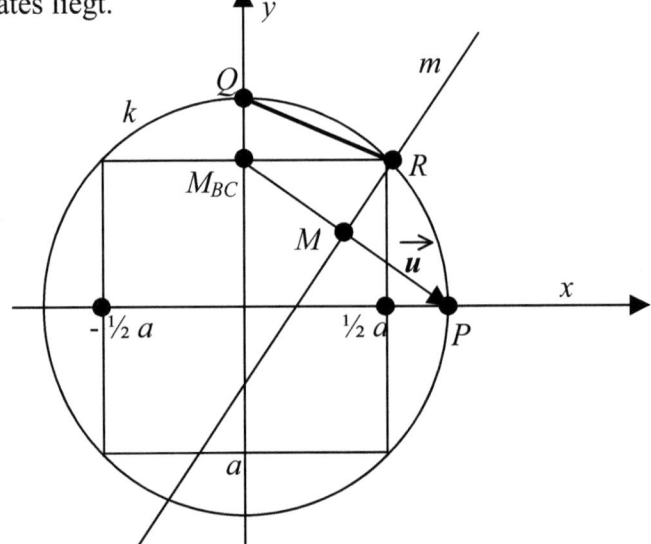

Dann ergeben sich folgende Koordinaten für die Punkte:

M_{BC} (0 | ½ a); Q (0 | ½ $a\sqrt{2}$); P (½ $a\sqrt{2}$ | 0).

M liegt in der Mitte zwischen M_{BC} und P, folglich:

M (¼ $a\sqrt{2}$ | ¼ a).

232

Vektor $\vec{u}$ von M_{BC} nach P ist dann $\vec{u} = \begin{pmatrix} \frac{1}{2}\,a\sqrt{2} \\ -\frac{1}{2}\,a \end{pmatrix}$. Er ist zugleich ein Normalenvektor der Mittelsenkrechten m. Deren Geradengleichung lautet daher in Normalenform:

$$m: \vec{r} \cdot \begin{pmatrix} \frac{1}{2}\,a\sqrt{2} \\ -\frac{1}{2}\,a \end{pmatrix} = \begin{pmatrix} \frac{1}{4}\,a\sqrt{2} \\ \frac{1}{4}\,a \end{pmatrix} \cdot \begin{pmatrix} \frac{1}{2}\,a\sqrt{2} \\ -\frac{1}{2}\,a \end{pmatrix} = \frac{1}{4}\,a^2 - \frac{1}{8}\,a^2 = \frac{1}{8}\,a^2.$$

Der Umkreis k hat den Radius $\frac{1}{2}\,a\sqrt{2}$ und daher die Gleichung

$$k: \quad x^2 + y^2 = \frac{1}{2}\,a^2.$$

R wird als Schnittpunkt von m und k bestimmt:

$$m: \vec{r} \cdot \begin{pmatrix} \frac{1}{2}\,a\sqrt{2} \\ -\frac{1}{2}\,a \end{pmatrix} = \frac{1}{2}\,a\sqrt{2} \cdot x - \frac{1}{2}\,a \cdot y = \frac{1}{8}\,a^2$$

Aufgelöst nach y: $\qquad y = x\sqrt{2} - \frac{1}{4}\,a$.

Eingesetzt in k: $\qquad x^2 + (x\sqrt{2} - \frac{1}{4}\,a)^2 = \frac{1}{2}\,a^2.$

Lösen der quadratischen Gleichung:

$$x^2 + 2\,x^2 - 2\,x\sqrt{2} \cdot \frac{1}{4}\,a + \frac{1}{16}\,a^2 = \frac{1}{2}\,a^2 \quad \left| -\frac{1}{2}\,a^2 \right.$$

$$3\,x^2 - \frac{1}{2}\,a\sqrt{2} \cdot x - \frac{7}{16}\,a^2 \quad = 0 \quad \left| : 3 \right.$$

$$x^2 - \frac{1}{6}\,a\sqrt{2} \cdot x - \frac{7}{48}\,a^2 \quad = 0 \; .$$

Lösungen gemäß Lösungsformel (p-q-Formel):

$$x_1 = \frac{1}{12}\,a\sqrt{2} + \sqrt{ \frac{1}{72}\,a^2 + \frac{7}{48}\,a^2 } = \frac{1}{12}\,a\sqrt{2} + \frac{1}{12}\sqrt{23}\,a = \frac{\sqrt{2}+\sqrt{23}}{12}\,a \; ;$$

$$x_2 = \frac{\sqrt{2}-\sqrt{23}}{12}\,a \; .$$

Die negative Lösung x_2 (Schnittpunkt von m und k im dritten Quadranten) wird verworfen. Für y_1 folgt:

$$y_1 = x_1\sqrt{2} - \frac{1}{4}\,a = \frac{\sqrt{2}+\sqrt{23}}{12}\,a\sqrt{2} - \frac{1}{4}\,a = \frac{\sqrt{46}}{12}\,a - \frac{1}{12}\,a \; .$$

Damit folgt für den Abstand der Punkte Q und R :

233

$$r = \sqrt{(\frac{\sqrt{2}+\sqrt{23}}{12}a)^2 + (\frac{\sqrt{46}}{12}a - \frac{1}{12}a - \frac{1}{2}\sqrt{2}a)^2} = \sqrt{\frac{\sqrt{2}}{12} - \frac{\sqrt{23}}{6} + 1} \cdot a .$$

Da dies der Radius des Kreises sein soll, der den Flächeninhalt des Ausgangsquadrats (also a^2) hat, wäre

$$\pi_{Brossmann} \cdot r^2 = \pi_{Brossmann} \cdot (\frac{\sqrt{2}}{12} - \frac{\sqrt{23}}{6} + 1) \, a^2 = a^2 ,$$

folglich $\pi_{Brossmann} = \dfrac{1}{\frac{\sqrt{2}}{12} - \frac{\sqrt{23}}{6} + 1} \approx 3,13926525$.

Aufgabe 4:

Die Abweichung vom Literaturwert $\pi \approx 3,141592654$ beträgt

$$\frac{3,13926525 - 3,141592654}{3,141592654} \approx -0,000740835 \approx -0,074 \% .$$

Die Näherung des Archimedes ist $3\frac{1}{7} \approx 3,142857143$ mit der Abweichung

$$\frac{3,142857143 - 3,141592654}{3,141592654} \approx 0,000402499 \approx 0,040 \% .$$

Die Näherung des Archimedes ist also die genauere.

Aufgabe 5:

Eine mögliche Lösung besteht in der zweimaligen Anwendung des Höhensatzes. r wird im rechten Winkel zur Kantenlänge des Ausgangsquadrates (per Definition 1 LE) errichtet und bildet die Höhe in einem rechtwinkligen Dreieck ABC mit $q = 1$ LE. Wegen $r^2 = pq$ folgt für den anderen Hypotenusenabschnitt $p = r^2/q = r^2/1$ LE.

$r^2/1$ LE wird nun der Hypotenusenabschnitt q' in einem neuen rechtwinkligen Dreieck DEF mit der Höhe 1 LE. Man vervollständigt das Dreieck und konstruiert dessen Hypotenusenabschnitt p'.

234

Nun ist nach dem Höhensatz $(1 \text{ LE})^2 = p'q' = p'r^2/1$ LE. Da die Quadratfläche 1 LE² ist, diese aber der Kreisfläche mit Radius r gleich sein soll, also 1 LE² $= r^2 \pi = p'r^2/1$ LE, muss $p' = \pi$ LE sein. (Die Thaleskreise dienen zur Verdeutlichung; sie sind nicht Teil der Konstruktion.)

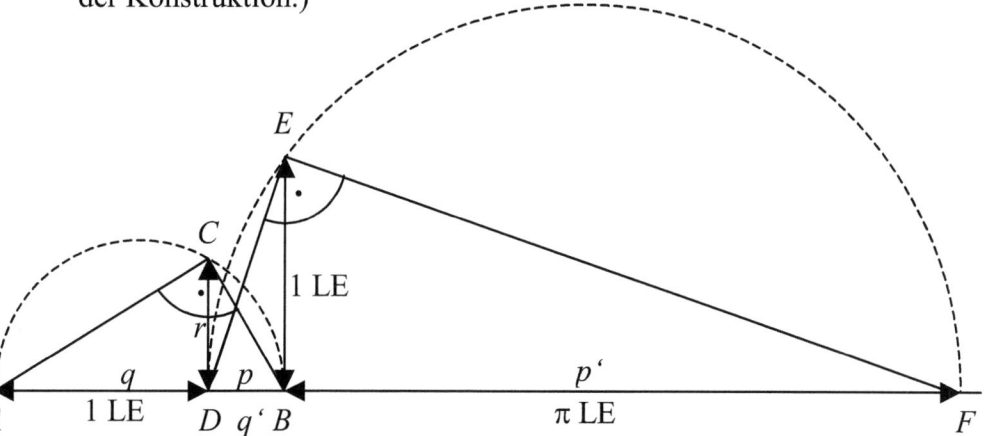

Aufgabe 6:

	rpm	Zeit für eine Umdrehung	
Motor	200	0,3 s	0,005 min
Zahnrad 1	4	15 s	0,25 min
2	0,08	750 s	12,5 min
3	0,0016	37 500 s	625 min
4	0,000032	1 875 000 s	21,70138889 d
5	0,00000064	93 750 000 s	2,97 a
6	$1,28 \cdot 10^{-08}$	4 687 500 000 s	148,54 a
7	$2,56 \cdot 10^{-10}$	$2,34375 \cdot 10^{11}$ s	7 427,05 a
8	$5,12 \cdot 10^{-12}$	$1,17188 \cdot 10^{13}$ s	371 352,40 a
9	$1,024 \cdot 10^{-13}$	$5,85938 \cdot 10^{14}$ s	18 567 620,22 a
10	$2,048 \cdot 10^{-15}$	$2,92969 \cdot 10^{16}$ s	928 381 010,94 a
11	$4,096 \cdot 10^{-17}$	$1,46484 \cdot 10^{18}$ s	46 419 050 547,09 a
12	$8,192 \cdot 10^{-19}$	$7,32422 \cdot 10^{19}$ s	2 320 952 527 354,35 a

Aufgabe 7:

	Umdrehungen	Umdrehungen*
Motor	$6,7817 \cdot 10^{17}$	$6,9201 \cdot 10^{17}$
Zahnrad 1	$1,3563 \cdot 10^{16}$	$1,3840 \cdot 10^{16}$
2	$2,7127 \cdot 10^{14}$	$2,7680 \cdot 10^{14}$
3	$5,4253 \cdot 10^{12}$	$5,5361 \cdot 10^{12}$
4	$1,0851 \cdot 10^{11}$	$1,1072 \cdot 10^{11}$
5	2170138889	2214427438
6	43402777,8	44288548,8
7	868055,556	885770,975
8	17361,1111	17715,4194
9	347,222222	354,308333
10	$^{2500}/_{360} = 6,94444444$	$^{2551}/_{360} = 7,08611111$
11	$^{50}/_{360} = 0,13888889$	$^{51}/_{360} = 0,14166667$
12	$^{1}/_{360} = 0,00277778$	$^{1}/_{360} = 0,00277778$

Das letzte Rad würde 2 320 952 527 354,35 a für eine Umdrehung brauchen, vollführt aber nur $^{1}/_{360}$ Umdrehung, d.h. es blockiert nach 2 320 952 527 354,35 a : 360 ≈ 6 447 090 354 a ≈ 6,447 Mrd. a. Das ist mehr als die restliche Lebensdauer der Sonne.

* Wenn man annimmt, dass *jede* Getriebestufe ein Spiel von 1° hat, ist für *jede* Stufe noch $^{1}/_{360}$ Umdrehung zu addieren (rechte Spalte). Bis zum Blockieren wären es dann $6,9201 \cdot 10^{17} \cdot 0,3$ s, das sind etwa 6,577 Mrd. a (also nur lächerliche 130 Mio. Jahre mehr).

Aufgabe 8:

Ein Getriebe ist ein Drehmomentenwandler. Jede Stufe verringert die Drehzahl um das 50-fache, vergrößert also das Drehmoment um das 50-fache. Im Falle des Blockierens ist das Drehmoment der letzten Räder so groß, dass die Maschine voraussichtlich zerstört wird, indem die Zahnräder brechen oder die Achsen sich verbiegen.

236

Der Mondschlitten – Lösungen

Aufgabe 1:

Beschleunigung auf 5 g = 50 m/s² in 10 Sekunden:

$$j = \frac{\Delta a}{\Delta t} = \frac{50\,\frac{m}{s^2}}{10\,s} = 5\,\frac{m}{s^3} \text{ (konstant) ; } \quad a(t) = j \cdot t \,.$$

Endgeschwindigkeit nach Phase I:

$$v = \int_0^{10s} a(t)\, dt = \int_0^{10s} j \cdot t\, dt = \left[\tfrac{1}{2} \cdot j \cdot t^2\right]_0^{10s}$$

$$= \tfrac{1}{2} \cdot 5\,\frac{m}{s^3} \cdot (10\,s)^2 = 250\,\frac{m}{s} \,.$$

Zurückgelegte Strecke nach Phase I:

$$x = \int_0^{10\,s} v(t)\, dt = \int_0^{10\,s} \tfrac{1}{2} \cdot j \cdot t^2\, dt = \left[\tfrac{1}{6} \cdot j \cdot t^3\right]_0^{10\,s} = \tfrac{1}{6} \cdot 5\,\frac{m}{s^3} \cdot (10\,s)^3$$

$$= 833\,\tfrac{1}{3}\,m \,.$$

Aufgabe 2:

Zur Vereinfachung wird wieder mit t = 0 begonnen.

$v(t) = v_0 + a \cdot t$.

Am Ende der Phase II soll $v = 2380\,\frac{m}{s}$ betragen, mit $a = 50\,\frac{m}{s^2}$ also

$$2380\,\frac{m}{s} = 250\,\frac{m}{s} + 50\,\frac{m}{s^2} \cdot t \,,$$

aufgelöst nach t:

$$t = \frac{2380\,\frac{m}{s} - 250\,\frac{m}{s}}{50\,\frac{m}{s^2}} = 42{,}6\,s \,.$$

$$x = x_0 + v_0 \cdot t + \tfrac{1}{2} \cdot a \cdot t^2$$

$$= 833\,\tfrac{1}{3}\,m + 250\,\frac{m}{s} \cdot 42{,}6\,s + \tfrac{1}{2} \cdot 50\,\frac{m}{s^2} \cdot (42{,}6\,s)^2 = 56852\,\tfrac{1}{3}\,m \,.$$

Aufgabe 3:

Restliche Strecke $\Delta x = 90000 \text{ m} - 56852 \frac{1}{3} \text{ m} = 33147 \frac{2}{3}$ m .

Die Angabe von Meter-Bruchteilen ist eigentlich sinnlos, da der Schlitten selbst schon einige Meter lang sein dürfte. Da die Länge des Schlittens aber nicht bekannt ist, sei er hier punktförmig.

Sei $v_0 = 2380 \frac{\text{m}}{\text{s}}$ die Anfangsgeschwindigkeit, Δt die Zeit bis um Stillstand und a die erforderliche (Brems-) Beschleunigung. Es ist:

$$v(\Delta t) = v_0 + a \cdot \Delta t = 0, \text{ umgeformt: } a = -\frac{v_0}{\Delta t} .$$

Für die Strecke gilt $s(\Delta t) = s_0 + v_0 \cdot \Delta t + \frac{1}{2} \cdot a \cdot (\Delta t)^2$, also:

$$s(\Delta t) - s_0 = v_0 \cdot \Delta t + \frac{1}{2} \cdot (-\frac{v_0}{\Delta t}) \cdot (\Delta t)^2 = v_0 \cdot \Delta t - \frac{1}{2} \cdot v_0 \cdot \Delta t = \frac{1}{2} \cdot v_0 \cdot \Delta t.$$

Dies ergibt mit obigem Δx zunächst

$$\Delta t = \frac{2\,(s(\Delta t) - s_0)}{v_0} = \frac{2\,\Delta x}{v_0} \text{ und dann } a = -\frac{v_0}{\Delta t} = -\frac{v_0^2}{2 \cdot \Delta x} ; \text{ in Zahlen:}$$

$$a = -\frac{(2380 \frac{\text{m}}{\text{s}})^2}{2 \cdot 33147 \frac{2}{3} \text{ m}} = -\frac{5664400 \text{ m}}{66295 \frac{1}{3}} \frac{\text{m}}{\text{s}^2} \approx -85{,}442 \frac{\text{m}}{\text{s}^2} \approx -8{,}5442\, g .$$

Aufgabe 4:

Mit $m = 10 \text{ t} = 10000 \text{ kg}$ und $v = 2380 \frac{\text{m}}{\text{s}}$ wird

$$W = \frac{1}{2} \cdot m \cdot v^2 = \frac{1}{2} \cdot 10000 \text{ kg} \cdot (2380 \frac{\text{m}}{\text{s}})^2 = 28\,322\,000\,000 \text{ J}$$

$$= 2{,}8322 \cdot 10^{10} \text{ J} .$$

W wächst quadratisch mit der Geschwindigkeit, d.h. die erforderliche Leistung (Energiezufuhr pro Zeiteinheit) steigt bis zum Erreichen der Endgeschwindigkeit an.

Es war $v(t) = v_0 + a \cdot t$ und somit $W(t) = \frac{1}{2} \cdot m \cdot (v_0 + a \cdot t)^2$.

Daraus folgt (Kettenregel):

238

$$P(t) = \frac{dW(t)}{dt} = \frac{1}{2} \cdot m \cdot 2 \cdot (v_0 + a \cdot t) \cdot a = m \cdot (v_0 \cdot a + a^2 \cdot t) \,.$$

Am Ende von Phase II ergibt sich die maximal erforderlich Leistung

$$P(42{,}6\text{ s}) = 10000 \text{ kg} \cdot [250 \, \tfrac{m}{s} \cdot 50 \, \tfrac{m}{s^2} + (50 \, \tfrac{m}{s^2})^2 \cdot 42{,}6 \text{ s}]$$

$$= 1{,}19 \cdot 10^9 \, \tfrac{\text{kg m}^2}{s^3} = 1{,}19 \cdot 10^9 \text{ W} = 1{,}19 \cdot 10^6 \text{ kW} \,.$$

Aufgabe 5:

Solarkonstante: $\dfrac{P}{A} = S = 1359 \, \dfrac{W}{m^2}$,

Elektrisch verfügbar bei 50% Wirkungsgrad: $\dfrac{P_{el}}{A} = 697{,}5 \, \dfrac{W}{m^2}$.

Erforderliche Fläche: $A = \dfrac{P_{el}}{697{,}5 \, \frac{W}{m^2}} = \dfrac{1{,}19 \cdot 10^9 \text{ W}}{697{,}5 \, \frac{W}{m^2}}$

$$= 1{,}706 \cdot 10^6 \text{ m}^2 = 1{,}706 \text{ km}^2 \,.$$

Aufgabe 6:

Die Abbremsung erfolgt mit -5 g, beginnend mit $x_0 = 56852 \, \tfrac{1}{3}$ m

und $v_0 = 2380 \, \tfrac{m}{s}$. Die Schiene endet bei $x = 90000$ m. Die Zeit t bis zum Erreichen des Endes ergibt sich dann aus der Gleichung:

$$90000 \text{ m} = 56852 \tfrac{1}{3} \text{m} + 2380 \, \tfrac{m}{s} \cdot t - \tfrac{1}{2} \cdot 50 \, \tfrac{m}{s^2} \cdot t^2 \,,$$

mit den Lösungen $t_{1;2} = (\dfrac{238}{5} \pm \dfrac{\sqrt{211467}}{15})$ s. t_1 wird verworfen (= hypothetische Rückkehr des Schlittens zur Marke $x = 90000$ m, wenn er bei hinreichend langer Schiene bis zum Stand abgebremst und dann in Gegenrichtung wieder beschleunigt würde). Mit $t_2 \approx$ 16,943 s folgt für die Restgeschwindigkeit am Schienenende:

$$v(t_2) \approx 2380 \, \tfrac{m}{s} - 50 \, \tfrac{m}{s^2} \cdot 16{,}943 \text{ s} \approx 1533 \, \tfrac{m}{s} \,.$$

(Siehe übrigens Anmerkung auf Seite 222 unten.)

239

Der Schatz von La Paleda – Lösungen

Aufgabe 1:

Da Finch anfangs immer auf die Schale zeigte, unter der er die Erbse vermutete, konnte Aioia ihn immer verlieren lassen. Damit ist der Erwartungswert $\mu = -1$ gr (Groschen).

Erste Strategie:

Nachdem er das begriffen hatte, zeigte er jeweils auf eine der beiden anderen Schalen. Unter einer davon musste die Erbse sein, also betrug die Gewinnchance 50 %.

$\mu = 0{,}5 \cdot (-1 \text{ gr}) + 0{,}5 \cdot (4 \text{ gr} - 1 \text{ gr}) = 1 \text{ gr.}$

Zweite Strategie:

Als Aioia begriff, welche Strategie er jetzt verwendete, ging sie dazu über, nur noch in der Hälfte der Spiele zu mogeln. Falls sie nicht mogelte, tippte Finch falsch. Wenn sie mogelte, tippte er mit 50 % Chance richtig. In der Summe sank seine Trefferquote damit auf 25 %.

$\mu = 0{,}75 \cdot (-1 \text{ gr}) + 0{,}25 \cdot (4 \text{ gr} - 1 \text{ gr}) = 0 \text{ gr.}$

Dritte Strategie:

Finch durchschaute auch dies und achtete nun gar nicht mehr auf die Nussschalen, sondern tippte blind auf eine beliebige. Damit traf er mit einer Chance von $33\frac{1}{3}$ %.

$\mu = \frac{2}{3} \cdot (-1 \text{ gr}) + \frac{1}{3} \cdot (4 \text{ gr} - 1 \text{ gr}) = \frac{1}{3} \text{ gr.}$

Aioia konnte nun machen was sie wollte, unter einer der Schalen musste die Erbse liegen, und in einem Drittel der Fälle würde Finch auf genau diese tippen.

Aufgabe 2:

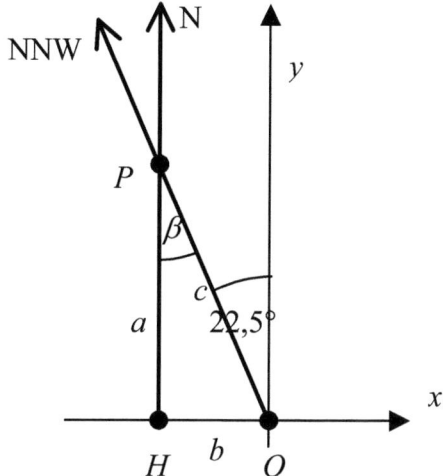

Kurs NNW entspricht einem Winkel von 22,5° gegen die Nordrichtung. In dem rechtwinkligen Dreieck PHO sind damit ein Winkel ($\beta = 22,5°$) und seine Gegenkathete ($b = 2$ sm) bekannt.

Aus $\dfrac{b}{c} = \sin(\beta)$ folgt $c = \dfrac{b}{\sin(\beta)} = \dfrac{2\ \text{sm}}{\sin(22,5°)} \approx 5,226$ sm.

Aus $\dfrac{b}{a} = \tan(\beta)$ folgt $a = \dfrac{b}{\tan(\beta)} = \dfrac{2\ \text{sm}}{\tan(22,5°)} \approx 4,828$ sm.

P hat damit die Koordinaten $P(-2$ sm $|$ 4,828 sm$)$.

Für die Zeit gilt $t = \dfrac{s}{v}$. Der Holländer braucht bis zum Punkt P die

Zeit $t \approx \dfrac{4,828\ \text{sm}}{5\ \text{kn}} \approx 0,966$ h $\approx 57,9$ min.

Die ‚Scylla' benötigt $t \approx \dfrac{5,226\ \text{sm}}{6\ \text{kn}} \approx 0,871$ h $\approx 52,3$ min. Sie erreicht den Punkt also zuerst.

241

Aufgabe 3:

Im Koordinatensystem hängen die Positionen der Schiffe wie folgt von der Zeit ab:

Holländer: $x_1(t) = -2$ sm;
$y_1(t) = 5$ kn $\cdot t$.

Scylla: $x_2(t) = v_x \cdot t = -6$ kn $\cdot \sin(22,5°) \cdot t$;
$y_2(t) = v_y \cdot t = 6$ kn $\cdot \cos(22,5°) \cdot t$.

Ihr jeweiliger Abstand zur Zeit t ist dann:

$$d(t) = \sqrt{(x_2(t)-x_1(t))^2 + (y_2(t)-y_1(t))^2}$$

$$= \sqrt{(-6 \text{ kn} \cdot \sin(22,5°) \cdot t + 2 \text{ sm})^2 + (6 \text{ kn} \cdot \cos(22,5°) \cdot t - 5 \text{ kn} \cdot t)^2} .$$

Im Minimum muss $d'(t) = 0$ sein. Unter Anwendung der bekannten Ableitungsregeln folgt:

$$d'(t) =$$

$$\frac{2 \cdot (-6\text{kn} \cdot \sin(22,5°) \cdot t + 2\text{sm}) \cdot (-6\text{kn}) \cdot \sin(22,5°) + 2t \cdot (6\text{kn} \cdot \cos(22,5°) - 5\text{kn})^2}{2 \cdot \sqrt{(-6 \text{ kn} \cdot \sin(22,5°) \cdot t + 2 \text{ sm})^2 + (6 \text{ kn} \cdot \cos(22,5°) \cdot t - 5 \text{ kn} \cdot t)^2}}$$

Für $d'(t) = 0$ genügt es, den Zähler gleich 0 zu setzen.

$2 \cdot (-6 \text{ kn} \cdot \sin(22,5°) \cdot t + 2 \text{ sm}) \cdot (-6 \text{ kn}) \cdot \sin(22,5°)$
$+ 2 t \cdot (6 \text{ kn} \cdot \cos(22,5°) - 5 \text{ kn})^2 = 0$;

$t \cdot [12 \text{ kn} \cdot \sin(22,5°) \cdot 6 \text{ kn} \cdot \sin(22,5°) + 2 \cdot (6 \text{ kn} \cdot \cos(22,5°) - 5 \text{ kn})^2]$
$+ 4 \text{ sm} \cdot (-6 \text{ kn}) \cdot \sin(22,5°) = 0$.

Aufgelöst nach t:

$$t = \frac{4 \text{ sm} \cdot 6 \text{ kn} \cdot \sin(22,5°)}{12 \text{ kn} \cdot \sin(22,5°) \cdot 6 \text{ kn} \cdot \sin(22,5°) + 2 \cdot (6 \text{ kn} \cdot \cos(22,5°) - 5 \text{ kn})^2}$$

$$\approx 0,825 \frac{\text{kn} \cdot \text{sm}}{\text{kn}^2} \approx 0,825 \text{ h} \approx 49,5 \text{ min.}$$

Der Abstand ist minimal nach ca. 0,825 h oder 49,5 Minuten. Er beträgt dann

242

$d(0,825\ h) \approx$

$$\sqrt{(-6\ kn{\cdot}\sin(22,5°){\cdot}0,825h+2sm)^2+(6kn{\cdot}\cos(22,5°){\cdot}0,825h-5kn{\cdot}0,825h)^2}$$

$\approx 0,461\ sm\ (\approx 853\ m).$

Aufgabe 4:

Die Reichweite der holländischen Kanonen beträgt

$450\ fm = 450 \cdot 1,852\ m = 833,4\ m.$

Das ist weniger als der minimale Abstand der Schiffe (853 m). Die ‚Scylla' war vor dem Beschuss also gerade noch sicher.

Aufgabe 5:

Es gilt $x(t) = v_x \cdot t = v \cdot \cos(\alpha)\cdot t$

und $\quad y(t) = v_y \cdot t - \dfrac{1}{2}\cdot g \cdot t^2 = v \cdot \sin(\alpha)\cdot t - \dfrac{1}{2}\cdot g \cdot t^2 .$

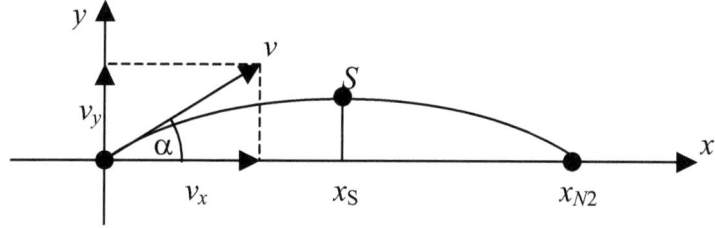

Durch Auflösen von $x(t)$ nach t und Einsetzen in $y(t)$ erhält man die Gleichung der Bahnkurve:

$x(t) = v_x \cdot t$, also $\quad t = \dfrac{x(t)}{v_x}$; $\quad y(t) = v_y \cdot \dfrac{x(t)}{v_x} - \dfrac{1}{2}\cdot g \cdot \dfrac{x(t)^2}{v_x{}^2} .$

Da t nicht mehr explizit vorkommt, verbleibt für die Bahnkurve :

$y(x) = v_y \cdot \dfrac{x}{v_x} - \dfrac{1}{2}\cdot g \cdot \dfrac{x^2}{v_x{}^2} .$

Für die Nullstellen gilt $y(x_N) = 0$:

$$0 = v_y \cdot \frac{x_N}{v_x} - \frac{1}{2} \cdot g \cdot \frac{x_N^2}{v_x^2} = x_N \left(\frac{v_y}{v_x} - \frac{1}{2} \cdot g \cdot \frac{x_N}{v_x^2} \right)$$

mit den Lösungen $x_{N1} = 0$ und $x_{N2} = \dfrac{2}{g} \cdot v_x \cdot v_y$.

Wegen $v_x^2 + v_y^2 = v^2$ ist $v_y = \sqrt{v^2 - v_x^2}$, also:

$$x_{N2}(v_x) = \frac{2}{g} \cdot v_x \cdot \sqrt{v^2 - v_x^2} \ .$$

Maximale Schussweite:

Für maximale Schussweite muss x_{N2} maximal werden, also $x_{N2}'(v_x) = 0$.

Ableiten ergibt: $x_{N2}'(v_x) = \dfrac{2}{g} \left(v_x \cdot \dfrac{-2 v_x}{2 \sqrt{v^2 - v_x^2}} + \sqrt{v^2 - v_x^2} \right)$.

Nullsetzen und Beschränkung auf das sinnvolle Intervall $(0°;90°)$ liefert:

$$v_x \cdot \frac{v_x}{\sqrt{v^2 - v_x^2}} = \sqrt{v^2 - v_x^2} \ ;$$

$$v_x^2 = (v^2 - v_x^2);$$

$$2 v_x^2 = v^2;$$

$$v_x = \frac{\sqrt{2}}{2} \cdot v \ ;$$

$$\cos(\alpha) = \frac{v_x}{v} = \frac{\sqrt{2}}{2} \ ;$$

$$\alpha = \arccos\left(\frac{\sqrt{2}}{2} \right) = 45° \ .$$

Der Pfeil muss daher unter 45° abgeschossen werden.

Maximaler Flächeninhalt:

Die Fläche unter der Flugbahn hat den Inhalt:

244

$$A = \int_{x_{N1}}^{x_{N2}} y(x)\, dx = \int_0^{\frac{2}{g} v_x v_y} (v_y \cdot \frac{x}{v_x} - \frac{g}{2} \cdot \frac{x^2}{v_x{}^2})\, dx$$

$$= [\frac{v_y}{2\,v_x} \cdot x^2 - \frac{g}{6\,v_x{}^2} x^3]_0^{\frac{2}{g} v_x v_y}$$

$$= \frac{2}{g^2} v_x v_y{}^3 - \frac{4}{3g^2} v_x v_y{}^3 = \frac{2}{3g^2} v_x v_y{}^3 = \frac{2}{3g^2} v_x (\sqrt{v^2 - v_x{}^2})^3 = A(v_x).$$

(Das Integral kann vermieden werden, wenn man den Umstand ausnutzt, dass die Fläche des Parabelsegments $\frac{2}{3}$ der Fläche des umbeschriebenen Rechtecks ist, also $A = \frac{2}{3} \cdot x_{N2} \cdot y(\frac{1}{2} \cdot x_{N2})$).

Für ein Maximum des Flächeninhalts muss $A'(v_x) = 0$ gesetzt werden. Ableiten ergibt:

$$A'(v_x) = \frac{2}{3g^2} (v_x \cdot \frac{3}{2} \cdot \sqrt{v^2 - v_x{}^2} \cdot (-2v_x) + (\sqrt{v^2 - v_x{}^2})^3)$$

$$= \frac{2}{3g^2} (-3\,v_x{}^2 \cdot \sqrt{v^2 - v_x{}^2} + (\sqrt{v^2 - v_x{}^2})^3).$$

Nullsetzen und Beschränkung auf das sinnvolle Intervall $(0°;90°)$ liefert:

$$3\,v_x{}^2 \cdot \sqrt{v^2 - v_x{}^2} = (\sqrt{v^2 - v_x{}^2})^3 ;$$
$$3\,v_x{}^2 = v^2 - v_x{}^2 ;$$
$$4\,v_x{}^2 = v^2 ;$$
$$2\,v_x = v ;$$
$$\cos(\alpha) = \frac{v_x}{v} = \frac{1}{2} ;$$

$$\alpha = \arccos(\frac{1}{2}) = 60°.$$

245

Der Pfeil muss also unter $60°$ abgeschossen werden.

Maximale Flugdauer:

Es gilt $t = \dfrac{x(t)}{v_x}$. Die Flugdauer ist dann

$$t_1 = \frac{x_{N2}}{v_x} = \frac{\frac{2}{g} \cdot v_x \cdot v_y}{v_x} = \frac{2}{g} \cdot v_y .$$

t_1 ist also maximal, wo v_y maximal ist. Es sollte ohne weitere Rechnung einleuchten, dass dies bei $\alpha = 90°$ der Fall ist. Der Pfeil müsste also senkrecht nach oben geschossen werden. Ein etwas kleinerer Winkel wäre in der Praxis sinnvoll, da sonst die brennende Flüssigkeit dem Schützen auf den Kopf tropfen würde (Zugleich vermeidet dies den undefinierten Term $t_1 = \dfrac{x_{N2}}{v_x} = \dfrac{0}{0}$ bzw. die dann erforderliche Grenzwertbetrachtung $v_x \to 0$).

Aufgabe 6:

$28_{(10)} = 1 \cdot 16 + 1 \cdot 8 + 1 \cdot 4 + 0 \cdot 2 + 0 \cdot 1 = 11100_{(2)}$.

Es müssten demnach Daumen, Zeigefinger und Mittelfinger eingedrückt werden.

Aufgabe 7:

Zu lösen durch lineare Optimierung: Mit der Festlegung

x = Anzahl der Krüge mit Goldmünzen,
y = Anzahl der Krüge mit Silbermünzen

folgen die Randbedingungen (neben den trivialen $0 \le x$ und $0 \le y$):

Grenze für die Anzahl: $\qquad x + y \le 48$;
Grenze für das Gewicht: $\qquad x \cdot 20$ lb $+ y \cdot 10$ lb ≤ 800 lb ;
Grenze für das Volumen: $\qquad x \cdot 0{,}5$ gal $+ y \cdot 1$ gal ≤ 40 gal .

Die Zielfunktion ist der Wert der Münzen:

$W = x \cdot 6000$ Fl $+ y \cdot 3600$ Fl $\to$ maximal .

246

Umwandlung in die Achsenabschnittsform:

I $\quad x + y \leq 48 \qquad\qquad\qquad | : 48$

$\quad\quad \dfrac{x}{48} + \dfrac{y}{48} \leq 1$.

II $\quad x \cdot 20 \text{ lb} + y \cdot 10 \text{ lb} \leq 800 \text{ lb} \qquad | : 800 \text{ lb}$

$\quad\quad \dfrac{x}{40} + \dfrac{y}{80} \leq 1$.

III $\quad x \cdot 0{,}5 \text{ gal} + y \cdot 1 \text{ gal} \leq 40 \text{ gal} \qquad | : 40 \text{ gal}$

$\quad\quad \dfrac{x}{80} + \dfrac{y}{40} \leq 1$.

Planungsvieleck mit einigen Werten der Zielfunktion:

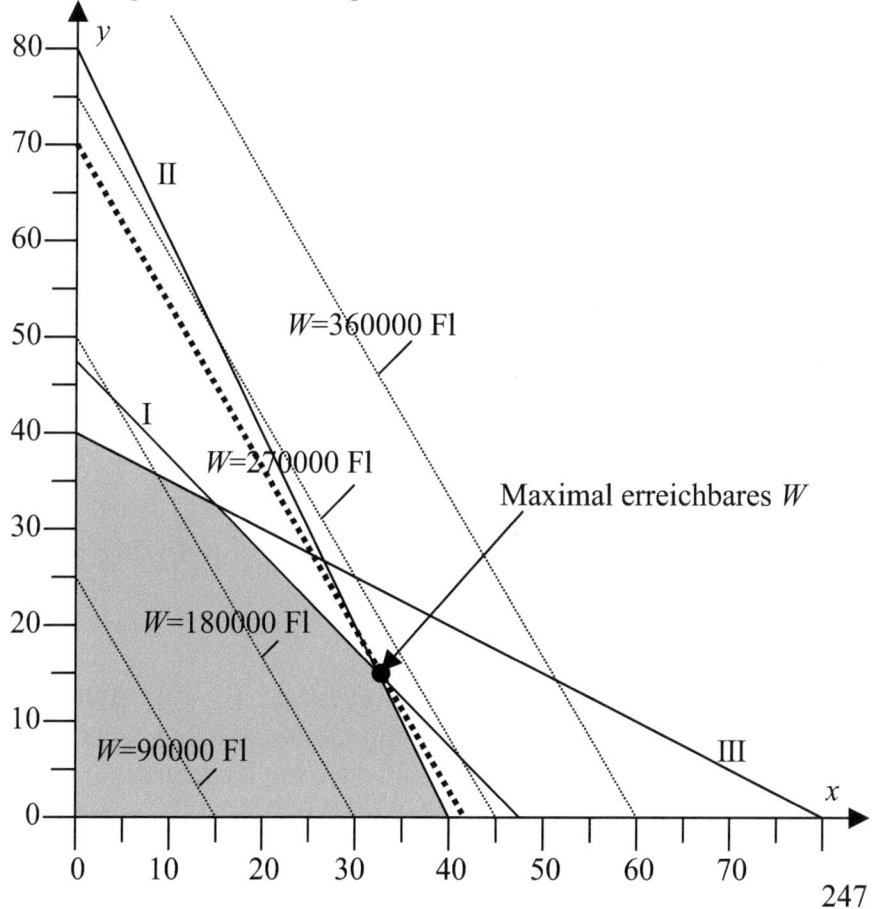

Unter den Randbedingungen ergibt sich der maximale Wert am Schnittpunkt der Geraden

I $\quad \dfrac{x}{48} + \dfrac{y}{48} = 1 \quad$ und $\quad$ II $\dfrac{x}{40} + \dfrac{y}{80} = 1$,

I' $\quad x + y \quad = 48 \quad$ und $\quad$ II' $2x + y \quad = 80$.

Auflösen nach y und Gleichsetzen:

$48 - x = 80 - 2x$.

Lösung: $x = 32$; $y = 48 - 32 = 16$.

Es sind 32 Krüge Gold und 16 Krüge Silber zu bergen.

Der Wert beträgt dann 32 · 6000 Fl + 16 · 3600 Fl = 249600 Fl.

Aufgabe 8:

Geschwindigkeit: $v = 3\,\dfrac{\text{km}}{\text{h}} = \dfrac{5}{6}\,\dfrac{\text{m}}{\text{s}}$.

Winkelgeschwindigkeit: $\omega = \dfrac{v}{r}$ mit $r = 30$ cm $= 0,3$ m ;

also $\omega = \dfrac{v}{r} = \dfrac{\tfrac{5}{6}\,\tfrac{\text{m}}{\text{s}}}{0,3\,\text{m}} = \dfrac{25}{9}\,\text{s}^{-1} \approx 2,78\,\text{s}^{-1}$.

Umgerechnet auf eine Minute: $\omega = \dfrac{25}{9}\,\text{s}^{-1} \cdot 60\,\dfrac{\text{s}}{\text{min}} = \dfrac{500}{3}\,\text{min}^{-1}$.

Da der Winkel 2π pro Umdrehung überstrichen wird, ist das eine Umdrehungszahl von

$\dfrac{1}{\tfrac{2\pi}{\text{Umdr}}} \cdot \dfrac{500}{3}\,\text{min}^{-1} = \dfrac{250}{3\,\pi}\,\text{Umdr} \cdot \text{min}^{-1} \approx 26,5\,\dfrac{\text{Umdr}}{\text{min}}$ (oder 26,5 rpm).

Aufgabe 9:

Palindromisch, aber nicht spiegelsymmetrisch, ist z.B. **ANNA** oder **DAD**. Das Entgegengesetzte ist mit Großbuchstaben nicht zu erreichen, allerdings unter etwas Wohlwollen mit Kleinbuchstaben, etwa **bud** oder **dib**.

৳ৠ

248

Danksagungen

Die Quellen, denen ich meine Inspirationen verdanke, sind bei den einzelnen Geschichten unter ‚Credits' angegeben.

Darüber hinaus danke ich Susanne und Hans-Jürgen, die die Geschichten für diese Veröffentlichung noch einmal Korrektur gelesen haben.

Ich danke Klaus, der die Aufgaben nachgerechnet hat, und der die Fertigstellung dieses Buches leider nicht mehr erleben durfte.

Ich danke meinen Mathematik-Kursen, die dies alles über sich haben ergehen lassen, und die bei meiner Rückkehr, na ja, zumindest für rund fünfzig Prozent der Aufgaben Lösungen oder wenigstens hoffnungsvolle Lösungsansätze gefunden hatten (den Rest haben sie dann mit mir zusammen erarbeitet).

Ich danke der Schulleitung, die mir in den wenigen Fällen von Elternprotesten gegen diese Art der Unterrichtsgestaltung den Rücken freigehalten hat.

Und ich danke der Muse, die mich ab und an küsste.

Vom gleichen Mathematiklehrer

Christian Eckhard

Mathe für Eltern

Ein alphabetischer Ratgeber

Dritte, überarbeitete und erweiterte Auflage

Ein Buch für alle Eltern, die ihre Kinder nicht nur vor der Schule absetzen und hoffen, dass sie da drin etwas lernen, sondern die nachvollziehen wollen, womit Lernende im Mathematikunterricht zu kämpfen haben. Mit diesem Ratgeber verstehen sie nicht nur, worum es geht – und warum es manchmal nicht geht – sondern können ihren Kindern vielfach auch helfend unter die Arme greifen, wenn diese gerade keine Peilung haben. Sie erfahren, welche Fragen sie auf der Elternversammlung stellen sollten, welche Möglichkeiten moderne Taschenrechner bieten und wie man ein entspanntes Verhältnis zu „Minuszahlen" aufbaut.

Der Autor blickt auf 40 Jahre Unterrichtserfahrung zurück, kennt alle Fallstricke der Mathematik – und alle Tricks, wie man diese Klippen umschifft. Er nennt Wichtiges und Unwesentliches beim Namen und bringt in lockerem Tonfall die wichtigsten Themen der Mittelstufenmathematik auf den Punkt, von A wie Abkürzungen bis Z wie Zylinder.

„Mathe für Eltern", Taschenbuch, 268 Seiten, 8,99 €

Vom gleichen Geschichtenerzähler

Christian Eckhard

Die Jagd nach dem Marconiphon

England, Anfang des 20. Jahrhunderts. Das Zeitalter der Pferdedroschken und Dampflokomotiven. Der geniale Erfinder Sir Finley Torrington arbeitet an einer revolutionären Form des Telefons. Ein Gerät, das jedermann in der Tasche tragen kann, soll jeden anderen Teilnehmer erreichen können. Der Großindustrielle Lord Craven möchte sich in den Besitz der Pläne bringen, um dieses Marconiphon selbst zu vermarkten – wozu ihm jedes Mittel recht ist.

Allein Torringtons halbwaise Tochter Amber kann ihren Vater und seine Erfindung noch retten. Und dann ist da noch die schöne Lady Isobel, um deren Gunst sich sowohl Craven als auch Torrington bemühen. Ein Wettlauf gegen die Zeit beginnt...

„Die Jagd nach dem Marconiphon", Taschenbuch, 164 Seiten, 6,99 €

Vom gleichen Geschichten erzählenden Mathematiklehrer

Christian Eckhard

Ein Einhorn für Karina

Die Geschichte einer Traumfreundschaft

Mitten im Schuljahr bekommt Studienassessorin Karina Schuchert eine neue Schülerin in die Klasse. Alexandra ist keine Schönheit, übergewichtig und zudem sprachbehindert; der Schulleiter sähe sie am liebsten auf einer Hilfsschule anstatt auf dem Lyzeum. Aber dann entpuppt sich das Mädchen als mathematisches Genie, und Karina setzt sich gegen alle Widerstände dafür ein, ihm das Bestehen des Examens zu ermöglichen. Erst allmählich erkennt sie, dass hinter dem Mädchen ein noch viel größeres Geheimnis steckt, in das sie schließlich selbst mit hineingerissen wird – in eine andere Welt, in der sie sich selbst, ihrer Vergangenheit und endlich ihrer großen Liebe begegnet.

Ein Fantasy-Roman ohne Helden, Heldinnen oder von dunklen Mächten bedrohte Königreiche. Nur Einhörner und der schrecklich normale Alltag einer jungen Mathematiklehrerin. Mit ein ganz klein wenig Mathematik, die aber kaum stört.

„Ein Einhorn für Karina: Die Geschichte einer Traumfreundschaft", gebunden, 384 Seiten, 19,99 €; Taschenbuch, 412 Seiten, 11,99 €.